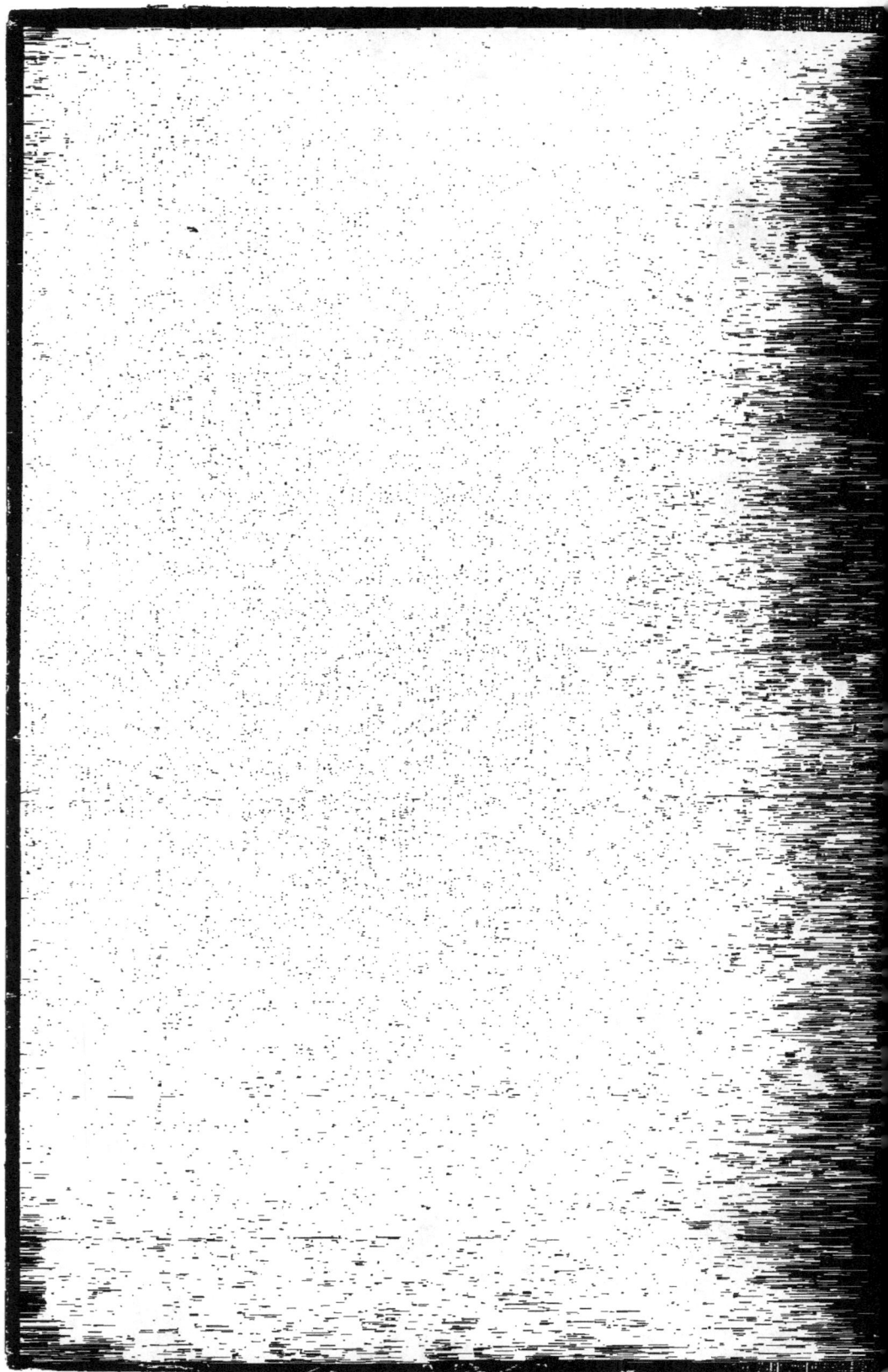

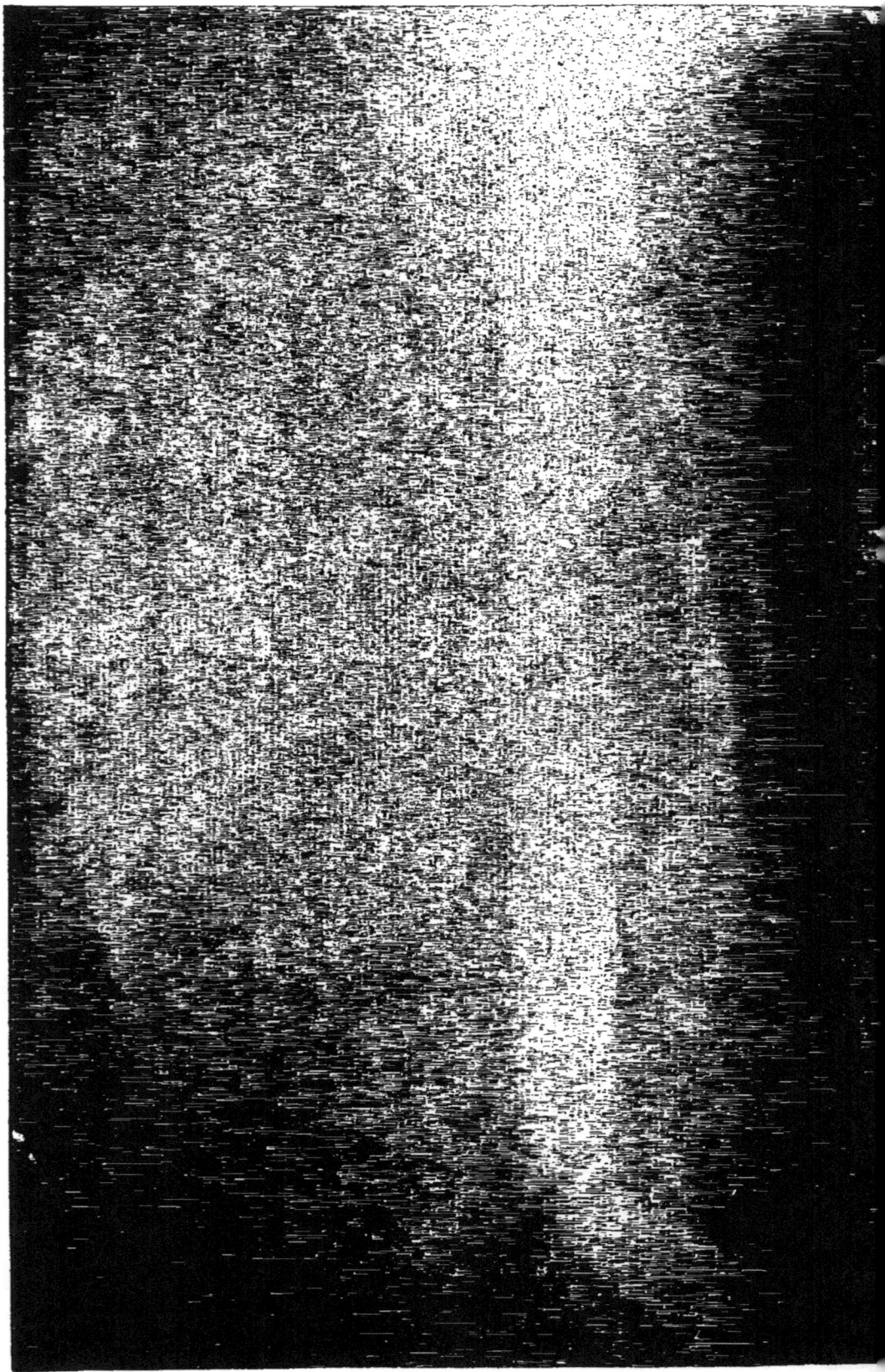

LES

CAOUTCHOUCS AFRICAINS

I. MONOGRAPHIE DU CAOUTCHOUC.

II. LES CAOUTCHOUCS AFRICAINS. — III. LES CAOUTCHOUCS
DU CONGO.

PAR

ALFRED DEWÈVRE

Docteur en sciences naturelles, pharmacien, en mission scientifique
au Congo.

BRUXELLES
POLLEUNIS & CEUTERICK
IMPRIMEURS
37, rue des Ursulines, 37

LOUVAIN
POLLEUNIS & CEUTERICK
IMPRIMEURS
30, rue des Orphelins, 30

1895

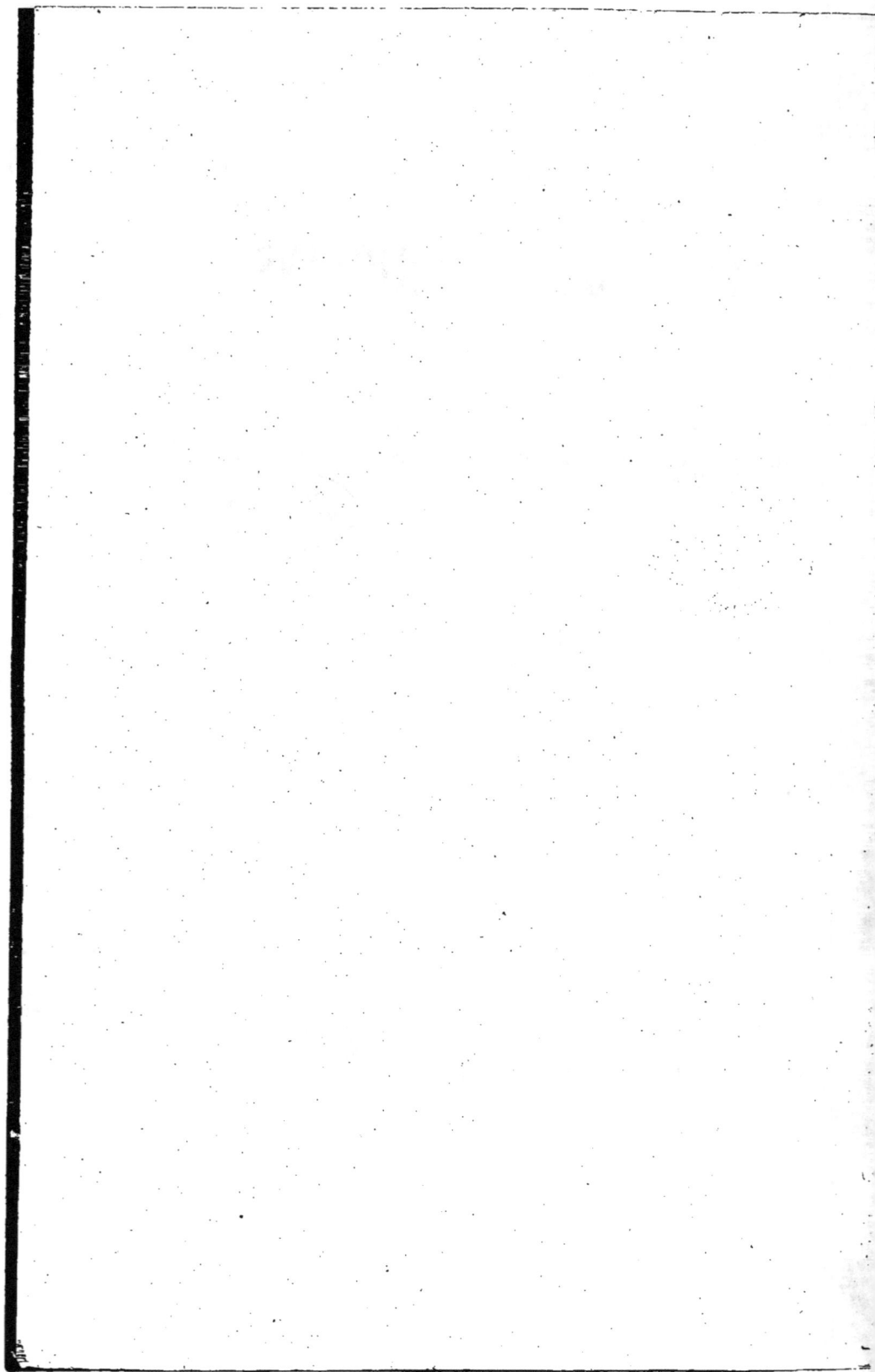

LES

CAOUTCHOUCS AFRICAINS

I. MONOGRAPHIE DU CAOUTCHOUC.

II. LES CAOUTCHOUCS AFRICAINS. — III. LES CAOUTCHOUCS
DU CONGO.

PAR

ALFRED DEWÈVRE

Docteur en sciences naturelles, pharmacien, en mission scientifique
au Congo.

~~~~~~~~~

BRUXELLES	LOUVAIN
POLLEUNIS & CEUTERICK	POLLEUNIS & CEUTERICK
IMPRIMEURS	IMPRIMEURS
37, rue des Ursulines, 37	30, rue des Orphelins, 30

1895

1re PARTIE

LE CAOUTCHOUC EN GÉNÉRAL

LE CAOUTCHOUC

I.

LE CAOUTCHOUC, SA NATURE ET SON ORIGINE.

On désigne sous le nom de caoutchouc un hydrocarbure solide, auquel on attribue la formule $C^{20}H^{32}$, caractérisé par un ensemble de propriétés spéciales.

Il se trouve à l'état de suspension ou d'émulsion dans le suc laiteux (latex) que laissent écouler certains végétaux lorsqu'on pratique des incisions dans leurs organes.

Les plantes productrices par excellence sont : en Amérique, l'*Hevea brasiliensis* Muell. Arg. ; l'*Hancornia speciosa* Gomez ; le *Manihot Glaziovii* Muell. Arg. et le *Castilloa elastica* Cerv.; — en Asie, les *Ficus*, notamment le *F. elastica* Roxb. et l'*Urceola elastica* Roxb.; — en Afrique, les lianes du genre *Landolphia*.

Des plantes à caoutchouc se rencontrent dans les familles suivantes : Apocynées ; Artocarpées ; Morées ; Euphorbiacées et Asclépiadées ; on en a aussi indiqué chez certaines Composées, Lobéliacées, Burséracées et Lécythidées, mais ces végétaux sont de peu d'importance. Les Sapotacées fournissent de la *gutta-percha* et des produits analogues.

Le caoutchouc paraît être formé par l'union de deux substances, qui ne se comportent pas exactement de la même manière vis-à-vis de certains dissolvants ; nos connaissances relativement à sa constitution sont d'ailleurs encore bien vagues ; il serait cependant très utile d'être mieux fixé à cet égard.

II.

HISTORIQUE.

Cet important produit fut-il connu des anciens ? On l'ignore ; on ne commence à avoir des renseignements à son sujet qu'à partir du XVIᵉ siècle, date à laquelle les Espagnols décrivirent les balles, faites d'une substance particulière, qu'employaient les Indiens pour jouer à la paume. La première constatation de ce genre est due à Fernandez d'Oviedo (1). Herrera y Tordesillas (2) confirma et compléta ces renseignements : lors du deuxième voyage de Christophe Colomb, il observa, en effet, que les habitants d'Haïti confectionnaient des balles à jouer au moyen de la gomme d'un arbre, balles qui étaient d'une grande légèreté et rebondissaient beaucoup mieux que celles de Castille, bien qu'elles fussent plus grosses.

Torquemada est encore plus précis : dans sa *Monarquia Indiana*, publiée à Madrid en 1615, il donne une courte description d'un végétal nommé par les Indiens du Mexique *Ulequahuitl*, lequel fournit un suc blanc, très abondant, se transformant en gomme élastique par dessiccation.

Les Mexicains recueillaient ce suc dans des calebasses et le coagulaient ensuite par l'eau chaude. Le végétal dont il s'agit ici est le *Castilloa elastica* Cerv.

Cet auteur nous fait ensuite connaître les usages assez nombreux auxquels cette substance était employée. Il signale notamment son emploi par les Espagnols pour cirer leurs manteaux de chanvre contre la pluie.

(1) *Historia general y natural de las Indias*, por el capitan Gonzalo Fernandez de Oviedo y Valdez. Séville, 1535, réédité à Madrid, 1851, lib. V, cap. II, p. 165.

(2) *Histoire générale des voyages et conquêtes des Castillans dans les isles et terre ferme des Indes occidentales*. Madrid, 1601. Traduction de N. de la Coste, Paris, 1659, t. I, liv. III et IV.

L'attention ne fut cependant appelée d'une manière sérieuse sur le caoutchouc qu'à partir de 1751, date à laquelle La Condamine le fit connaître dans une note présentée à l'Académie des sciences de Paris. Ce savant, à la fois excellent mathématicien et naturaliste très observateur, envoyé en 1735 au Pérou et au Brésil par le gouvernement français pour mesurer un degré du méridien, vit une substance dont les indigènes se servaient pour confectionner des récipients, des flambeaux, des tissus imperméables, et, en 1736, il en expédia un échantillon en France, le mentionnant comme étant connu à Quito sous le nom de *Cahuchu*, mot qui, écrivait-il, devait se prononcer *caoutchouc*. Peu de temps après (1761), l'ingénieur Fresneau découvrit un arbre à caoutchouc à la Guyane française et communiqua à La Condamine les observations qu'il avait faites à son sujet. A quelque temps de là, J. Howison fit connaître le caoutchouc asiatique produit par l'*Urceola elastica* Roxb., et Roxburg indiqua ensuite le caoutchouc d'Assam, qui provient du *Ficus elastica* Roxb.

Toutefois, pendant longtemps, cette matière fut un simple objet de curiosité que les collectionneurs d'histoire naturelle plaçaient parmi leurs minéraux ou leurs coquillages. Plus tard elle servit surtout de gomme à effacer, ce qui la fit baptiser par les Anglais du nom d'*Indian Rubber* (effaceur indien).

Son utilisation en grand pour la fabrication d'objets divers ne prit un développement sérieux qu'après la découverte de sa solubilité dans certains liquides (Herissant, 1763), et surtout après que, en l'unissant au soufre, c'est-à-dire en le *vulcanisant*, l'Américain Ch. Goodyear (1)

(1) M. Chapel *(Le Caoutchouc et la gutta-percha)* raconte longuement l'histoire du caoutchouc. On y trouve la vie de Goodyear, homme d'une grande énergie, qui, avant d'arriver à la découverte de la vulcanisation, passa par d'innombrables tribulations, et qui, ayant enfin trouvé ce qu'il cherchait depuis si longtemps, eut le déplaisir de voir son procédé découvert peu de temps après par un concurrent et, finalement, mourut dans un état voisin de la misère.

(1840 à 1842), puis l'Anglais Th. Hancock (1843) furent parvenus à le mettre à l'abri des variations de température.

Avant la connaissance de la vulcanisation, le physicien Charles l'avait employé pour rendre imperméable l'enveloppe du premier ballon à hydrogène (1785) ; en 1791, Grossart en avait fabriqué divers objets extensibles, tels que des ressorts, des ligatures et des tubes. Hancock et Macintosh firent les premiers imperméables en cousant à l'intérieur des vêtements, en guise de doublure, des feuilles minces de caoutchouc obtenues par l'évaporation de solutions de ce corps dans de l'essence de térébenthine. Dans la suite, Hancock trouva le découpage du caoutchouc en feuilles et inventa la machine qui porte le nom de *diable*. Nadler ayant indiqué, en 1820, un procédé permettant de le découper en fils, on put en confectionner par tissage des étoffes imperméables ; le laminage fut indiqué en 1836 par J. Pickersgill, et perfectionné la même année par C. Nikells. La fabrication des souliers vint ensuite.

Après la découverte de la vulcanisation, l'emploi de cette substance se généralisa de plus en plus, ses applications se multiplièrent au point qu'il serait difficile de les énumérer toutes aujourd'hui ; enfin, dans un avenir rapproché, cette matière, devenue indispensable, servira peut-être au pavage des rues, à la fabrication de meubles, de planchers, etc., etc.

Le caoutchouc employé par l'industrie provint pendant fort longtemps d'une part de l'Amérique du Sud, d'autre part de Java et de l'Inde.

En 1851, Balard, dans son rapport sur les caoutchoucs de l'exposition de Paris, ne parle point encore des gommes élastiques d'origine africaine ; cependant divers végétaux capables d'en donner étaient connus ; je citerai : le *Landolphia (Vahea) gummifera* Poir., signalé à Madagascar, en 1817, par Poiret, et indiqué par lui comme fournissant un bon caoutchouc, ce qui fut confirmé par Perrotet, en 1824, et par Bojer, en 1837 ; ce dernier dit même : « ce végétal produit en grande quantité la véritable gomme élastique, aussi bonne que celle obtenue du *Siphonia elastica* ».

Le caoutchouc de cette plante n'entra dans le commerce qu'entre 1851 et 1868, ainsi que nous l'apprend G. Gerard dans son rapport sur l'exposition de 1868 ; voici d'ailleurs dans quels termes il s'exprime : « Une seule espèce vraiment nouvelle est parvenue en Europe depuis cette époque (1851) ; elle est originaire de Madagascar ; sa qualité est bonne, mais de petites quantités seulement ont été expédiées, 10 à 15 000 kil., croyons-nous, et, malgré le bon accueil fait à cette nouvelle nature de caoutchouc, qui a été vendue fr. 4.50, les envois n'ont pas continué, et à peine en a-t-on vu, depuis la première expédition, quelques rares apparitions dans les ports. »

Sur la côte occidentale d'Afrique, de nombreuses plantes à caoutchouc étaient connues, mais elles ne commencèrent à être exploitées que fort tard. Les caoutchoucs africains arrivaient en Europe par faibles quantités ; ils étaient souvent de mauvaise qualité, de sorte qu'on ne les prenait point en considération.

Il semble que c'est au docteur Kirk (1), ancien consul général d'Angleterre à Zanzibar, qu'il faut attribuer l'impulsion qui provoqua l'introduction en grand des caoutchoucs africains sur les marchés d'Europe. Dans une lettre envoyée à Kew, le 25 décembre 1868, il écrivait que de petites quantités de gomme élastique étaient récoltées dans les environs de Kilimane, et, vers cette époque, on expédia quelques tonnes de caoutchouc très impur en Amérique. Après qu'il eut pris connaissance de la plante productrice, il remarqua qu'elle était très répandue sur la

(1) En 1873, M. O'Neil indique cependant pour Mozambique une exportation de caoutchouc d'une valeur de 5000 fr.

côte est et dans les terres intérieures, ce qui lui donna l'idée de stimuler les indigènes à récolter le produit qu'elle fournit. Les naturels ayant suivi les conseils du docteur, celui-ci put, en 1880, en expédier 1000 tonnes, provenant exclusivement du district de Mwango; la tonne en fut vendue de 140 à 250 l. st.

C'est vers cette époque que l'on vit l'exploitation des plantes à caoutchouc africaines soit débuter, soit prendre plus d'extension, dans les diverses régions du continent mystérieux.

Afin de préciser, citons quelques chiffres relatifs à l'exportation des caoutchoucs d'Afrique; ils sont empruntés au *Congo illustré* (1).

En 1865, la récolte totale fut de   75 tonnes
  — 1882,   —   —   3 750   —
  — 1891,   —   —   5 409   —

La date de la première sortie de gomme élastique du Congo est assez difficile à déterminer, de même d'ailleurs que pour les autres régions d'Afrique, par suite de ce fait que le commerce s'est trouvé entre les mains de sociétés, et aussi parce que les quantités de produits exportés étaient si faibles que les tarifs douaniers se bornaient à les renseigner sous une rubrique générale. Pour le Congo, nous pensons qu'on doit fixer l'année 1855 comme étant très voisine de la date de première exportation ; c'est à cette époque que la maison Regis et Cie fonda, à Banana, la première factorerie de cette région.

Tout d'abord le Bas-Congo seul fournit la matière pour l'exportation, mais plus tard, à partir de 1888, je pense, le Haut-Congo s'y joignit; actuellement c'est ce dernier qui donne la plus grande partie du caoutchouc qui sort du territoire de l'État Indépendant.

Ajoutons enfin que les caoutchoucs d'Afrique ne sont pas seulement fournis par les plantes indigènes, mais que

(1) LE CONGO ILLUSTRÉ, publié sous la direction de A. J. Wauters, 1894.

de petites quantités proviennent aussi de plantes à caoutchouc étrangères introduites sur le sol africain, où elles
poussent très bien : tel est le cas du *Manihot Glaziovii*
Muell. Arg., qui s'est acclimaté au Cameroun et au Congo
français.

III.

PROPRIÉTÉS PHYSIQUES.

A l'état de pureté, le caoutchouc est blanc ou très
légèrement jaunâtre ; la couleur noire ou brune qu'on lui
voit habituellement est due à des impuretés ou à des
produits d'oxydation. En couches suffisamment minces, il
est translucide.

Sa grande élasticité en fait une substance molle,
absolument spéciale, précieuse sous bien des rapports,
notamment pour la fabrication des tampons de chemin de
fer. Son extensibilité extrême lui permet de prendre une
longueur quatre ou cinq fois plus considérable que sa taille
primitive. La structure du caoutchouc est homogène, non
fibreuse, compacte, tout au moins en apparence ; car en
réalité ce corps est poreux, mais pour le constater il est
nécessaire d'en faire des coupes microscopiques. C'est cette
porosité qui lui permet de se laisser traverser par les gaz,
en proportions très variables avec la nature de ceux-ci ;
le tableau suivant dressé par Graham le montrera :

GAZ	VITESSE DE PÉNÉTRATION
Azote .	1
Oxyde de carbone	1,113
Gaz des marais	2,148
Oxygène	2,556
Hydrogène	5,500
Acide carbonique	13,585

Rappelons qu'on a utilisé cette propriété pour démontrer

que l'air n'est pas une combinaison de plusieurs gaz, mais simplement un mélange. Tout récemment, on a proposé de recourir au pouvoir dialytique du caoutchouc pour séparer l'argon et l'azote atmosphériques.

Cette propriété le rend apte à condenser dans sa masse des corps liquides et gazeux. Elle doit être prise en considération lors de la récolte et de la conservation du produit, car il peut absorber jusqu'à 25 p. c. de son poids d'eau ; il convient donc de placer les récoltes dans des endroits secs. Il agit de même vis-à-vis de l'alcool, qui peut s'y accumuler en assez forte proportion.

Sa densité, qui varie entre 0,914 et 0,967, est en moyenne 0,925, c'est-à-dire qu'un décimètre cube d'eau pèse 75 grammes de plus qu'un même volume de caoutchouc ; aussi surnage-t-il sur ce liquide.

M. Chapel donne la densité des divers caoutchoucs utilisés dans l'industrie, au moment où ils sont épurés et prêts à être travaillés.

Para.	0,914	Sierra Leone	0,925
Colombie et Pérou	0,915	Sénégal	0,929
Madagascar	0,915	West India Scraps	0,934
Bornéo	0,916	Mozambique	0,939
Sernamby	0,918	Céara	0,958
Boules du Niger	0,920	Assam	0,967

Ce corps est très sensible aux variations de température; par le froid il perd une grande partie de son élasticité et devient alors difficilement flexible, mais non cassant, ce qui arrive lorsqu'il contient des résines.

La chaleur agit d'une façon inverse : elle le rend d'abord plus élastique, puis le ramollit, état qui s'accentue avec l'élévation de la température ; à 145°, il devient visqueux et adhérent; de 170° à 180°, c'est un liquide épais, analogue à de la mélasse ; vers 200° il est complètement fondu et répand une odeur forte particulière ; enfin à 230°, il est huileux, d'un brun foncé. Après avoir été porté à cette température, il donne par refroidissement une masse gluante, poisseuse, qui ne reprend sa consistance primitive qu'après un temps très long.

Le caoutchouc se soude très facilement à lui-même, lorsque les surfaces de section sont récentes et non souillées par des corps étrangers ; il suffit de placer les deux sections l'une contre l'autre et de presser plus ou moins fortement ; une faible chaleur facilite l'adhésion. Il est mauvais conducteur de la chaleur et de l'électricité ; frotté, tordu ou étiré, il dégage de la chaleur et de l'électricité.

Sa presque imperméabilité à l'eau le fait utiliser pour la confection de vêtements imperméables.

Les propriétés organoleptiques de cette substance, lorsqu'elle est pure, sont nulles ; l'odeur et la saveur qu'on lui constate souvent sont dues à la présence de corps étrangers, produits d'oxydation, albuminoïdes ou substances grasses ; aussi doit-on éliminer le plus possible ces matières.

IV.

PROPRIÉTÉS CHIMIQUES.

Les premières recherches chimiques sur le caoutchouc furent faites par Fourcroy, en 1791 ; elles furent continuées par de nombreux chimistes, parmi lesquels il faut citer Himly, Trommsdorf, Payen et Bouchard. Des investigations chimiques faites à son sujet est résultée la découverte d'un ensemble de propriétés que nous résumerons brièvement.

Lorsqu'on approche un corps enflammé d'un fragment de caoutchouc, il prend feu et brûle avec une flamme fuligineuse qui dégage une odeur peu agréable.

Vis-à-vis des substances chimiques, la gomme élastique se comporte très diversement ; ainsi l'eau ne la dissout absolument pas, ni à chaud ni à froid ; l'alcool est à peu près dans le même cas, il ne la dissout pas ou guère ; les huiles grasses (l'huile de lin, p. ex.) en dissolvent de petites quantités ; l'éther, le chloroforme, les essences, les huiles légères provenant de la distillation de la houille, le pétrole, l'essence de térébenthine, le naphte, la benzine et la naphtaline fondue la dissolvent bien, mais non entièrement, car il reste toujours une portion qui résiste à tous les dissolvants, bien qu'elle se gonfle très fortement sous leur influence.

Ses meilleurs véhicules sont le sulfure de carbone et, comme le reconnut Barnard en 1833, les hydrocarbures obtenus en le soumettant à la distillation. Le sulfure de carbone additionné de 5 p. c. d'alcool ne dissout plus le caoutchouc (Wagner et Gautier), mais le gonfle et le ramollit de telle façon qu'il devient très facile à travailler. Dans l'industrie, on prépare ordinairement les solutions de caoutchouc au moyen d'essence de térébenthine ou de benzine.

Les acides minéraux dilués ne l'altèrent généralement pas ; cependant Hubert L. Terry a constaté que l'acide nitrique très dilué produit un effet nuisible sur le caoutchouc et que, si on le laisse agir lentement, il donne, outre une résine, un corps plus ou moins azoté ; en laissant réagir pendant six semaines de l'acide azotique dilué, ce chimiste a obtenu une poudre jaune explosive, renfermant du carbone, de l'hydrogène, de l'oxygène et de l'azote. Quelques acides minéraux concentrés l'attaquent assez rapidement ; c'est surtout le cas pour les acides sulfurique et azotique. Sa résistance vis-à-vis de certains agents chimiques a été mise à profit pour la confection de flacons destinés à contenir les solutions d'acide fluorhydrique, liquide attaquant presque tous les corps connus, notamment le verre.

Les solutions alcalines, à moins d'être très concentrées et d'agir pendant un certain temps, le laissent inaltéré ; diluées, elles exaltent plutôt son élasticité, ce qui s'explique peut-être par ce fait qu'elles enlèvent les matières grasses et albuminoïdes qui se trouvent toujours dans le caoutchouc.

Des expériences récentes de W. Thomson et F. Lewis prouvent que l'action de certains métaux, du cuivre, par exemple, serait très destructive du caoutchouc. Les solutions de sels cuivriques, de nitrate d'argent et d'autres métaux le seraient aussi. Les azotates de fer, de soude et d'urane l'altéreraient, mais plus faiblement que les sels précités.

Les gaz, même le chlore, n'agissent sur lui que très lentement; ce dernier le rend cassant au bout d'un temps plus ou moins long ; on a proposé un nouveau mode de vulcanisation basé sur ce fait (procédé F. et T. Hurzig).

Les agents atmosphériques, l'air et la lumière, lui font subir à la longue certaines transformations, notamment une oxydation partielle (Payen, Spiller et Miller), et le produit devient cassant.

La lumière détermine la vulcanisation du caoutchouc, ce qui a donné à M. Seely, qui a le premier constaté ce fait, l'idée d'un nouveau procédé de reproduction lithographique, connu sous le nom de *caoutchoutotypie*.

L'une des propriétés les plus précieuses de la gomme élastique est celle de se combiner au soufre, autrement dit de pouvoir être vulcanisée. Cette combinaison donne un produit qui, tout en ayant les qualités qui font rechercher le caoutchouc, n'en a pas les défauts : le caoutchouc vulcanisé ou volcanisé n'est plus sensible aux variations de température, il conserve toujours sa flexibilité et son élasticité, n'est presque plus attaqué par ses dissolvants ordinaires, est moins perméable, et offre une plus grande résistance à la compression. La vulcanisation se fait de façons très diverses, tantôt à froid, tantôt à chaud, soit en plongeant les feuilles de caoutchouc dans du soufre fondu (Hancock), soit en pétrissant la gomme élastique à chaud (100° ou 120°) avec du sulfure rouge d'antimoine (Burke), soit en la plongeant dans une solution de soufre dans le sulfure de carbone, laissant évaporer le dissolvant, et enlevant ensuite le soufre non combiné ; d'autres fois, on plonge le caoutchouc à vulcaniser pendant 3 ou 4 heures, à une température de 150° Baumé, dans une solution de pentasulfure de potassium à 25 ou 30° Baumé (Gerard) ; on traite aussi parfois par le chlorure de soufre (Parkes).

En unissant au caoutchouc une quantité de soufre plus considérable (50 p. c.), on obtient, après malaxage et chauffage à 150°, une substance spéciale dite *caoutchouc durci* ou *ébonite*, laquelle est dure, cassante et susceptible de prendre un beau poli, ce qui la fait employer pour la confection de nombreux objets. L'ébonite colorée par diverses substances prend le nom de *vulcanite*.

L'extraction du soufre ainsi combiné au caoutchouc est très difficile; à l'aide de solutions alcalines, on peut toutefois en séparer la plus grande partie, mais il en reste toujours 1 à 2 p. c. que l'on ne parvient pas à enlever.

D'autres métalloïdes possèdent la propriété de vulcaniser le caoutchouc : tel est le cas du gaz chlore (procédé F. et T. Hurzig), de l'iode et du brome, soit seuls, soit associés au soufre (J. Ballon, Newbrough et E. Fagan). La vulcanisation au soufre est la seule méthode usitée.

Le caoutchouc vulcanisé peut admettre dans sa masse toute espèce de matières dont la présence modifie plus ou moins ses propriétés : les unes, comme la gutta-percha et la gomme laque, en augmentent la dureté et l'élasticité ; d'autres en élèvent le poids et en changent la couleur : tel est le cas de la craie, du spath, du sulfate de baryte, du plâtre, de la magnésie calcinée, de l'argile, de diverses terres colorées, des sulfures d'antimoine, de plomb, de zinc, de l'asphalte et du goudron de houille.

Un produit intéressant est obtenu en durcissant le caoutchouc à l'aide de magnésie ; cette composition, trouvée par E. Turpin, ressemble à s'y méprendre à l'ivoire, ce qui lui a valu le nom d'*ivoire végétal* et l'a fait employer pour la fabrication des billes de billard.

Mélangé à du liège en poudre, le caoutchouc fournit une matière que l'on a nommée *kamptulicon*, laquelle, laminée en feuilles de 2 à 5 millimètres, puis appliquée sur des toiles grossières et enduite de plusieurs couches d'huile de lin, sert à la fabrication des tapis dits *Linoleum*.

Un autre produit intéressant est l'*ivoire artificiel* ou *éburite,* qui s'obtient en traitant une épaisse dissolution de caoutchouc par le chlore.

Soumis à la distillation, le caoutchouc dégage tout d'abord une série de produits dus, en grande partie, à des impuretés qu'il renferme : tel est le cas de l'hydrogène sulfuré, de l'acide chlorhydrique, de l'acide carbonique et de l'oxyde de carbone, qui s'obtiennent au début de l'opération ; en élevant la température assez fortement, on détermine la décomposition du caoutchouc même ; il se scinde alors en plusieurs hydrocarbures liquides dont le plus volatil est une huile jaune, nommée *caoutchoucine,* qui est du *butylène* (caoutchène ou eupione), C^4H^8. Greville Williams a obtenu, en partant de cette huile légère, une matière intéressante qu'il a nommée *isoprène* et qui répond à la formule C^5H^8. Tilden a reconnu que sous l'influence d'acides puissants ce corps se transforme en une masse solide, élastique, jouissant de toutes les propriétés du caoutchouc, et qui est probablement du caoutchouc obtenu par synthèse.

La découverte de l'*isoprène* dans l'huile de térébenthine donnera peut-être lieu à des applications industrielles importantes ; en tous cas, cette substance permettra d'arriver à une formule certaine du caoutchouc et jettera un jour nouveau sur les affinités qui semblent exister entre les résines, les essences, les caoutchoucs et les hydrocarbures.

Les portions les moins volatiles du caoutchouc sont constituées par un hydrocarbure nommé *caoutchine*, $C^{10}H^{16}$,

qui se combine avec l'acide chlorhydrique en donnant un *chlorhydrate de caoutchine*, produit huileux isomérique avec le *camphre artificiel solide* de l'*essence de térébenthine*.

Les parties qui passent en dernier lieu à la distillation sont formées par de l'*hévéène* $C^{15}H^{24}$; c'est une huile d'un jaune d'ambre isomère avec l'*éthylène*.

V.

ESTIMATION DES CAOUTCHOUCS.

Le caoutchouc, étant d'une grande valeur commerciale, est très souvent falsifié ; aussi est-il nécessaire, avant de faire un achat, de s'assurer de sa qualité.

Un bon caoutchouc doit être compact, homogène, très élastique ; en lames minces, il doit être translucide ; fendues, les boules ne doivent pas montrer dans leur masse des fragments de bois, des pierres, du sable ou autres impuretés du même genre.

Les caoutchoucs cassants renferment des quantités plus ou moins grandes de résines.

Les échantillons très odorants ont été mal préparés ou mal conservés, ce qui a permis à des fermentations de s'y établir.

Les commerçants n'aiment généralement pas les caoutchoucs ayant une réaction acide, ce dont on s'aperçoit aisément, soit à leur saveur aigrelette, soit à la coloration rouge qu'ils communiquent au papier de tournesol bleu.

Généralement ces examens sommaires suffisent aux industriels pour avoir une idée de la valeur du produit qui leur est soumis ; les opérations qu'on fait subir au caoutchouc brut, et que j'indiquerai au chapitre qui traite du travail de cette substance, les renseignent, dans la suite, d'une manière beaucoup plus complète.

Lorsqu'on veut connaître la teneur exacte en gomme élastique d'un échantillon, il est nécessaire de recourir à l'analyse chimique, laquelle se fait de la façon suivante : On prélève un fragment du produit d'un gramme environ, on le pèse très exactement, puis on le dessèche, soit en l'exposant à une température de 100°, soit en le plaçant dans un dessiccateur à acide sulfurique, jusqu'à ce qu'il ne perde plus de poids. En le pesant alors, et en soustrayant le poids obtenu du poids primitif, on obtient la quantité d'eau qu'il renferme.

Le fragment ainsi desséché est ensuite bouilli dans de l'eau distillée, qui lui enlève toutes les substances solubles dans ce dissolvant, tels que sucres, sels, gommes, etc. ; le liquide séparé est évaporé ; le produit de l'évaporation représente le poids des substances solubles.

La masse qui a été soumise au traitement préindiqué est ensuite placée dans un flacon à l'émeri où l'on verse de l'alcool absolu, puis on la laisse en contact avec lui pendant un temps plus ou moins long ; on renouvelle au besoin une ou deux fois l'alcool. C'est dans ce liquide alcoolique que l'on retrouvera les résines et certains corps gras.

Un traitement par l'alcool bouillant succèdera ensuite ; il a pour but d'enlever les résines qui seraient restées, ainsi que les huiles, les cires, etc.

Une macération dans l'éther extraira certains corps gras peu solubles dans l'alcool chaud ; enfin le produit qui reste est constitué par du caoutchouc à peu près pur, qu'on obtiendra en laissant la masse pendant plusieurs jours au contact du sulfure de carbone. Ce liquide dissout le caoutchouc, et après filtration et évaporation le laisse à l'état pur.

Comme substances insolubles dans le sulfure de carbone, il reste souvent des impuretés telles que fragments de bois, des pétioles de feuilles, des substances minérales, etc.

Les cendres se déterminent en incinérant une quantité connue (1 gr. par exemple) de caoutchouc nature ou desséché et en pesant le résidu obtenu.

VI.

PURIFICATION ET TRAVAIL DU CAOUTCHOUC.

Si le caoutchouc se présentait dans le commerce tel qu'il résulte de la coagulation du latex des bonnes espèces, il serait immédiatement utilisable ; malheureusement, il est loin d'être dans ces conditions ; ordinairement, il est mélangé à toute espèce de substances dont il faut le débarrasser, ce qui entraîne à des manipulations coûteuses ; de plus, par suite des traitements qu'il doit subir, il perd, paraît-il, de son élasticité ; il y aurait donc intérêt à éviter autant que possible ces manipulations.

Voici en quoi consiste le travail de la purification. Le caoutchouc brut est d'abord ramolli à l'eau chaude, puis laminé à plusieurs reprises, suivant le degré d'impureté, entre deux cylindres de fonte d'inégal diamètre dont les vitesses sont entre elles comme un est à trois ; pendant ce laminage, il est continuellement humecté par un filet d'eau chaude, ce qui rend le travail plus facile et enlève les corps étrangers (sable, bois, etc.).

Les lames ainsi obtenues permettent de juger avec sûreté de la valeur des caoutchoucs. Elles sont ensuite placées dans une étuve chauffée à 35°, desséchées, puis pétries dans un appareil nommé *loup* ou *diable*.

Cet instrument est composé d'une caisse solide en fonte, fixe, dans l'intérieur de laquelle se meut un cylindre de fer armé de dents. La caisse est elle-même garnie de saillies en fonte, en forme de tête de diamant. L'appareil est chauffé à l'aide de vapeur d'eau, afin de diminuer la résistance du caoutchouc. Une fois la gomme élastique introduite dans le pétrin, on anime le cylindre d'un mouvement de rotation très rapide, 60 à 100 tours à la minute. Sous l'influence du pétrissage subi dans cet appareil, le caoutchouc est déchiré, et la chaleur de la vapeur se joignant à celle qui résulte du broyage, les fragments se ramollissent, se soudent et finissent par former une masse homogène. Celle-ci est de nouveau laminée entre deux cylindres chauffés, puis un certain nombre de galettes ainsi obtenues sont empilées et mises pendant trois ou quatre jours sous la presse hydraulique.

Le caoutchouc qui a subi toute cette série de traitements est dit *régénéré* ; il peut alors servir à la fabrication de toute espèce d'objets. Si l'on a traité de cette manière une quantité déterminée de caoutchouc brut, puis qu'on la pèse après ces opérations, on obtient, par différence, la somme des impuretés qui s'y trouvaient.

Nous n'entrerons pas dans les détails de la fabrication des divers articles en caoutchouc, ce serait sortir de notre cadre ; nous renvoyons pour cela aux nombreux ouvrages spéciaux qui traitent de la matière, notamment au livre de M. Chapel.

VII.

COMMERCE ET PRODUCTION.

Le caoutchouc donne lieu à un commerce très important et très actif ; il en arrive actuellement en Europe des quantités considérables, venant de l'Amérique du Sud, de l'Asie et de l'Afrique.

M. Wauters (1) nous donne, pour la production générale, les chiffres suivants :

En 1865 . . . . . 7 223 tonnes
— 1882 . . . . . 19 550 —
— 1891 . . . . . 33 000 —

(1) LE CONGO ILLUSTRÉ, Dir. Wauters ; 1892. p. 112.

Le plus estimé de tous les caoutchoucs est celui du Para ; c'est d'après sa valeur qu'on établit celle des autres sortes.

Si nous consultons le tableau (1) des taux moyens atteints au kilogramme par le Para, nous constatons que, depuis 1861, époque à laquelle il était coté fr. 5,08 le kilogr., son prix, avec des alternatives de hausse et de baisse, n'a fait qu'augmenter et a même atteint fr. 11,78 en moyenne ; actuellement il est à fr. 8,50. Le cours moyen de cette sorte, pour la période d'exportation comprise entre 1861 et 1888, a été de fr. 7,68 le kilogr. Habituellement, lorsqu'une substance augmente ainsi de prix et finit par atteindre une valeur aussi élevée, on peut dire que c'est un indice de raréfaction ou de bonification du produit. Or, ici ce n'est point le cas : l'exportation peut toujours faire face aux demandes, qui cependant deviennent de jour en jour plus grandes ; la qualité est restée à peu près la même qu'autrefois ; de plus, elle a subi une concurrence très grande, par suite de l'introduction des caoutchoucs asiatiques et africains, dont la qualité, pour certains d'entre eux, équivaut à celle du Para.

Ce qui détermine ces taux élevés, c'est le besoin impérieux de cette substance, qui, tous les jours, voit son emploi se multiplier et se généraliser, d'où demande croissante, et par suite maintien des hauts prix.

Cette demande croissante nous est démontrée très clairement par un tableau dû à M. Pavoux, relatif aux exportations du Para depuis 1857 jusqu'en 1887, auquel nous empruntons les chiffres suivants :

En 1857, il fut exporté 1 670 tonnes de Para
— 1867,   —   4 300   —
— 1877,   —   7 670   —
— 1887,   —   14 000   —

Ce qui vient d'être dit du Para peut se répéter pour

(1) Dressé par M. Pavoux.

toutes les autres sortes dont la qualité a su se maintenir bonne ou s'améliorer ; c'est ce que nous indiquent les chiffres des importations de caoutchouc faites dans les ports de Londres et de Liverpool, de 1878 à 1888.

Années	LIVERPOOL			LONDRES		
	Para	Autres sortes	Totaux	Para	Autres sortes	Totaux
1878	3 825	1 415	5 240 tonnes	577	1 590	1 967 tonnes
1879	3 945	1 415	5 090	706	1 396	2 103
1880	3 155	1 505	4 660	615	2 370	2 985
1881	3 770	2 000	5 770	85	1 957	2 022
1882	3 938	2 228	6 166	10	2 208	2 218
1883	4 345	1 980	6 325	292	3 177	3 469
1884	4 595	1 765	6 360	15	2 199	2 134
1885	4 800	1 750	6 550	»	1 650	1 650
1886	4 300	2 760	7 060	»	1 730	1 730
1887	4 400	2 930	7 330	95	2 305	2 400
1888	5 080	3 080	8 160	302	1 978	2 280

N. B. Parmi les *autres sortes*, il faut comprendre les caoutchoucs africains et les caoutchoucs asiatiques.

En Allemagne, l'industrie du caoutchouc s'est développée d'année en année, aussi la consommation actuelle y est-elle très considérable (1).

Années	CAOUTCHOUCS BRUTS ENTRÈS EN ALLEMAGNE				CAOUTCHOUCS BRUTS SORTIS DE L'ALLEMAGNE			
	Commerce général		Commerce spécial		Commerce général		Commerce spécial	
	Quantités	Valeurs	Quantités	Valeurs	Quantités	Valeurs	Quantités	Valeurs
1881	2396	15 577	1957	12 589	588	3888	129	900
1882	2278	17 543	1998	15 388	429	3580	149	1225
1883	2344	20 596	2002	17 419	475	4169	152	1188
1884	3057	21 401	2670	18 688	608	4566	218	1654
1885	2701	18 905	2566	16 565	471	3567	156	1022
1886	2610	19 577	2135	16 163	654	4847	179	1422
1887	3328	24 960	2515	18 863	1025	7777	211	1687
1888	4081	28 570	3202	22 415	1224	8741	344	2582
1889	4806	33 644	4011	28 076	1374	9966	682	5112
1890	4830	38 637	3889	31 114	1772	14610	858	7291

L'importation des caoutchoucs africains de la côte occi-

(1) Dans ce tableau, les quantités sont exprimées en tonnes, et les valeurs en marks.

dentale devient d'année en année plus considérable, et l'on verra par les chiffres ci-dessous que cette importation l'emporte de beaucoup sur celle des gommes élastiques de Guyaquil, Carthagène, Rangoon, Indes, Madagascar et Mozambique.

TABLEAU DES IMPORTATIONS
DE CAOUTCHOUCS AFRICAINS ET ASIATIQUES A LIVERPOOL.

ANNÉES	Caoutchouc de la côte occidentale et de la partie centrale de l'Afrique	Caoutchouc de Mozambique, Madagascar, Indes, Rangoon, etc.
1878	1 000 tonnes	415 tonnes
1879	900 »	243 »
1880	1 500 »	205 »
1881	1 600 »	400 »
1882	1 900 »	528 »
1883	1 720 »	260 »
1884	1 650 »	115 »
1885	1 550 »	200 »
1886	2 450 »	310 »
1887	2 400 »	550 »
1888	2 685 »	595 »
En 10 ans	19 155 »	3 403 »

Si l'on ajoute à ces 3403 tonnes les 22 260 tonnes de caoutchouc d'Asie et d'Amérique (Para excepté) introduites par Londres, on arrive à un total de 25 663 tonnes, représentant l'introduction totale en Angleterre, en dix ans, des caoutchoucs autres que ceux de Para et de la côte occidentale d'Afrique. Pendant le même espace de temps, Para a exporté 48 848 tonnes, et la côte occidentale d'Afrique 19 155, ce qui constitue déjà un joli chiffre. Il est très difficile de dire dans quelles proportions les diverses régions d'Afrique sont intervenues dans cette production, ces exportations ayant souvent été faites par des maisons de commerce, et les tarifs douaniers ne les indiquant que sous une rubrique générale.

Les chiffres cités démontrent à toute évidence que les caoutchoucs d'Afrique sont destinés à un grand avenir, et la considération dont ils jouissent ne fera qu'augmenter avec leur amélioration.

La qualité d'un caoutchouc étant sous la dépendance immédiate de l'espèce productrice, de la façon de récolter le suc, de le coaguler et des soins dont il est ensuite l'objet, il importe, si l'on veut obtenir une substance de toute première valeur, de faire ces diverses opérations dans les meilleures conditions possibles, suivant des procédés rationnels et certains, et en faisant surveiller étroitement le travail des indigènes.

Maintenant que nous avons une idée de ce qu'est l'exportation des caoutchoucs africains, tâchons de nous rendre compte de l'importance du commerce de la gomme élastique en Belgique.

Si nous consultons le tableau général du commerce de la Belgique avec les pays étrangers, nous trouvons, pour les dix années écoulées de 1882 à 1892, qu'il a été importé ou exporté les quantités de caoutchouc brut suivantes :

Années	IMPORTATION		EXPORTATION		TAUX AU KG.
	Quantités	Valeurs	Quantités	Valeurs	
1882	391 884 kgr.	1 371 594 fr.	263 934 kgr.	925 838 fr.	3 50
1883	408 779	1 430 728	235 302	823 557	3 50
1884	437 300	1 537 550	326 333	1 142 172	3 50
1885	395 100	1 382 850	275 395	957 575	3 50
1886	451 643	1 580 750	393 534	1 384 368	3 50
1887	506 128	1 771 448	370 526	1 296 840	3 50
1888	609 057	2 131 699	511 858	1 791 503	3 50
1889	570 198	2 565 891	442 727	1 992 226	4 50
1890	561 051	2 524 729	393 557	1 770 106	4 50
1891	1 090 112	6 540 672	903 924	5 423 544	6 00
1892	601 840	3 611 094	458 367	2 750 202	6 00

Ces chiffres démontrent éloquemment de quelle importance est le commerce belge des caoutchoucs ; ils nous indiquent aussi l'extention de plus en plus grande de ce commerce et l'augmentation graduelle du prix de la substance brute.

Ces caoutchoucs bruts nous arrivent, soit directement des pays producteurs, soit des états européens ayant des colonies ; depuis 1887, la Belgique en reçoit directement du Congo : nous aurons l'occasion d'en reparler plus tard. Par contre, nous en expédions vers les divers pays d'Europe suivant les proportions citées plus haut.

Les chiffres ci-dessous nous donneront une idée de nos rapports commerciaux avec les autres pays, au point de vue de l'exportation et de l'importation du caoutchouc brut ; ils montreront aussi l'extension de nos relations avec l'étranger à dix années d'intervalle.

ANNÉES	IMPORTATION			EXPORTATION		
	PROVENANCE	QUANTITÉS COM. GÉN.	VALEURS	DESTINATIONS	QUANTITÉS COM. GÉN.	VALEURS
1882	Pays-Bas	46 575kil.	163 012 fr.	Prusse	138 063kil.	555 220
	Angleterre	224 569	785 991	Pays-Bas	12 376	43 316
	France	99 650	348 775	Angleterre	24 950	87 325
	Autres pays	21 090	73 816	France	29 633	103 716
				Suisse	32 707	114 474
				Autriche	2 550	8 925
				Autres pays	3 675	12 862
	Totaux	391 884	1 371 594	Totaux	263 934	923 838
1893	Allemagne	15 178	91 068	Allemagne	191 686	1 450 116
	Angleterre	350 756	2 104 416	Angleterre	72 720	436 320
	Brésil	13 000	78 000	Autriche	70 327	421 962
	État ind. Congo	171 250	1 027 500	Espagne	10 097	60 582
	Etats-Unis	25 886	143 316	Etats-Unis	46 512	279 072
	France	222 861	1 337 166	France	80 287	481 722
	Hambourg	6 243	37 455	Hambourg	19 387	116 322
	Pays-Bas	38 324	229 944	Pays-Bas	9 609	57 654
	Autres pays	12 620	75 720	Suisse	46 248	277 488
				Autres pays	13 190	79 140
	Totaux	854 098	5 124 588	Totaux	560 063	3 360 378

Nous ferons remarquer que ce n'est pas seulement le commerce du caoutchouc *brut* que la Belgique fait avec l'étranger, mais aussi celui du caoutchouc *ouvré*, c'est-à-dire ayant été travaillé ; nous arriverons ainsi à établir que l'industrie du caoutchouc est de toute importance, et qu'elle mérite d'être l'objet de sérieuse considération :

En 1892, il a été { exporté pour 1 123 222 fr. de caoutchouc ouvré.
importé pour 1 757 086 fr. id.

En 1893, il a été { exporté pour 1 558 952 fr. id.
importé pour 2 200 073 fr. id.

L'importance du commerce du caoutchouc ouvré nous est indiquée par le tableau suivant :

CAOUTCHOUCS OUVRÉS					
IMPORTATION EN 1893			EXPORTATION EN 1893		
PROVENANCE	Marchandises entrées	Marchandises consommées	DESTINATION	Commerce général	March. belges seules
Allemagne	801 900 fr.	170 996	Allemagne	121 941 fr.	6 491 fr.
Angleterre	608 397	402 358	Angleterre	263 928	72 810
Etats-Unis	22 879	11 859	Espagne	12 104	1 594
France	471 465	288 459	France	690 288	94 010
Hambourg	167 714	1 203	Hambourg	40 841	23 742
Russie	78 612	62	Indes Anglaises	10 280	»
Autres pays	49 108	11 435	Italie	12 465	2 250
Total	2 200 075 fr.	886 352	Pays-Bas	74 595	27 187
			Répub. Argentine	25 176	2 500
			Roumanie	20 000	120
			Russie	36 521	120
			Suisse	176 575	385
			Turquie	12 790	720
			Autres pays	61 448	13 838
			Total	1 558 952 fr.	245 447

Si nous totalisons les valeurs des entrées et des sorties, en caoutchouc brut et ouvré, nous obtenons :

ANNÉES	ENTRÉES (BRUT ET OUVRÉ) COMMERCE GÉNÉRAL	SORTIES (BRUT ET OUVRÉ) COMMERCE GÉNÉRAL
1882	3 256 426 francs	1 946 015 francs
1892	5 368 180 »	3 875 424 »
1893	7 524 665 »	4 919 330 »

Pendant ces mêmes années, le commerce spécial, c'est-à-dire celui des mises en consommation en Belgique, a été de :

		ENTRÉES (BRUT ET OUVRÉ)		SORTIES (BRUT ET OUVRÉ)
1882	br.	629 213 fr.	br.	181 457 fr.
	ouv.	1 014 312 »	ouv.	151 466 »
	total	1 643 525 »	total	332 925 »
1892	br.	1 583 772 »	br.	722 880 »
	ouv.	857 879 »	ouv.	222 359 »
	total	2 441 651 »	total	945 239 »
1893	br.	3 121 242 »	br.	1 357 032 »
	ouv.	886 352 »	ouv.	245 447 »
	total	4 007 594 »	total	1 602 479 »

Ces chiffres démontrent d'une façon absolument évidente l'importance croissante que prend l'industrie du caoutchouc.

La Belgique possède huit manufactures de caoutchouc, établies dans les localités suivantes :

Bruxelles	3
Gand. . . . , . .	2
Liége	1
Menin	1
Tilleur	1

et de plus quelques établissements où l'on ne s'occupe que du travail de la feuille anglaise.

Ces fabriques comportent ensemble environ 500 ouvriers et ouvrières. Si le caoutchouc pouvait être obtenu à un prix suffisamment bas pour que ces maisons pussent faire une concurrence active à l'étranger, il est certain que ce commerce prendrait une extension beaucoup plus grande ; or, l'obtention du caoutchouc à des prix peu élevés sera possible lorsque l'exploitation du caoutchouc du Congo se fera sur toute l'étendue de ce territoire suivant des méthodes rationnelles et que le transport du produit récolté ne devra plus se faire par l'intermédiaire de porteurs.

Si nous comparons les chiffres donnés ci-dessus pour le commerce belge à ceux indiqués pour le commerce français, nous arrivons à la constatation que cette industrie est plus développée en France que chez nous.

M. Chapel estime, en effet, à 500 000 kil. la quantité de caoutchouc consommée en France, et à plus de cent soixante les fabriques, occupant un personnel de 10 000 ouvriers et ouvrières ; ces usines produiraient ensemble pour une somme annuelle de 75 millions de francs.

Les exportations sont estimées à une valeur de 12 millions, les importations à 14 millions.

IIᵉ PARTIE

LES CAOUTCHOUCS AFRICAINS

LES CAOUTCHOUCS AFRICAINS

CHAPITRE PREMIER

ÉTUDE DU LATEX.

I. CONSIDÉRATIONS PRÉLIMINAIRES.

Actuellement, les connaissances relatives aux caoutchoucs d'Afrique sont bien peu étendues ; les végétaux
qui les donnent sont à peine indiqués, leurs produits peu
connus et les procédés de récolte souvent très primitifs ;
on serait, en général, très embarrassé de dire avec certitude si telle gomme élastique, provenant de telle région,
a été produite par un végétal de tel genre, si elle a été
fournie par une seule plante ou si elle résulte du mélange
de plusieurs sucs laiteux.

Les renseignements sont encore trop incomplets pour
pouvoir faire un travail d'ensemble sur les caouchoucs
d'Afrique ; je me bornerai donc à donner quelques indications sommaires sur ce que l'on en connaît, après quoi
je passerai à l'étude des Lianes à caoutchoucs du genre
Landolphia, que j'ai spécialement étudiées et qui sont con-
sidérées comme les plantes productrices par excellence (1) ;

(1) Cette monographie du genre *Landolphia* a paru dans les *Annales
de la Soc. scient. de Bruxelles*, XIXᵉ année (tiré à part).

je tâcherai de jeter un peu de lumière sur cette partie de
la question, et j'indiquerai autant que possible les procédés
à employer pour obtenir les meilleurs résultats.

II. VÉGÉTAUX PRODUCTEURS.

Bien que les plantes africaines reconnues comme donnant du caoutchouc soient encore peu nombreuses, il est en
tout cas certain qu'il en existe beaucoup, ainsi que je puis
l'affirmer d'après ce que m'a dit M. Lecomte, botaniste
envoyé au Congo français spécialement pour y étudier
les plantes utilisables, et d'après les renseignements que
j'ai pu recueillir de divers côtés. Je signalerai seulement pour le moment :

Ficus Vogelii Miq.
Ficus sycomorus Lin.
Ficus Brazii R. Br.
Ficus Vohsenii Warb.
Ficus Preussii Warb.
Ficus usambarensis Warb.
Ficus Holstii Warb.
Periploca graeca Lin.
Cynanchum ovalifolium Wight.
Tabernaemontana crassa Benth.
Carpodinus dulcis Sabine.
Carpodinus acida Sabine.
Carpodinus uniflorus Stapf.
Calotropis procera R. Br.
Les *Landolphia*.

III. COMPOSITION DU LATEX.

Le latex est généralement un liquide blanc, ressemblant
absolument à du lait, et qui se trouve contenu dans des
cellules spéciales nommées *laticifères*. Examiné au micro-

scope, il se montre constitué par d'innombrables globules de caoutchouc maintenus en suspension dans un liquide.

Le latex renferme un très grand nombre de substances qui varient suivant le genre auquel appartient la plante productrice. L'analyse suivante donnera une idée de ce que l'on y trouve habituellement.

D'après Faraday, la composition du latex d'*Hevea elastica* (caoutchouc du Para) est la suivante :

Eau avec sels organiques.	563
Caoutchouc .	317
Albumine.	19
Substances amères, riches en azote, avec cire .	71,3
Corps insolubles dans l'alcool, solubles dans l'eau	29,1
	999,4

Celle de l'*Euphorbia platyphyllos* Lin. est, d'après Weiss et Wiesner :

Eau.		77,22
Résine .		8,12
Gomme.		2,15
Caoutchouc		0,73
Sucre et corps extractifs		6,41
Albumine	dissoute .	0,51
	non dissoute.	2,02
Corps gras.		1,33
Cendres.		1,51
		100,00

Le latex des *Landolphia* répond aux caractères indiqués ci-dessus. Je n'ai guère connaissance que des analyses du latex de ces plantes aient été faites, ce qui est évidemment très regrettable, et il est à espérer que cette lacune sera bientôt comblée; toutefois, il est permis de dire *à priori* que *qualitativement* leur composition sera très analogue à celle qui est donnée ici, mais que *quantitative-*

ment cette composition en différera peut-être énormément. Les latex des différentes espèces du genre n'ont pas une composition chimique identique, ainsi qu'on peut le déduire des quelques données que l'on possède au sujet de certaines d'entre elles ; ainsi le latex du *L. owariensis* P. de Beauv. se coagule avant l'ébullition, alors que celui du *L. comorensis* var. *florida* ne se coagule guère qu'après évaporation ; la première espèce donne un excellent caoutchouc très élastique ; la seconde, une gomme élastique mêlée à une telle dose de résine qu'elle est absolument inutilisable. J'ai eu l'occasion de voir ces deux produits chez M. Lecomte, qui les avait préparés lui-même ; je puis donc affirmer la chose avec certitude et dire que le *L. comorensis* var. *florida*, contrairement à l'opinion généralement admise, ne mérite pas d'être exploité, tout au moins comme plante à caoutchouc. On doit, je pense, attribuer la méprise commise au sujet de cette plante à ce que les indigènes désignent sous le même nom ces deux lianes et mélangent souvent leurs latex.

Une autre preuve que les latex des divers *Landolphia* ne sont pas identiques nous est fournie par ce fait, qu'abandonnés à eux-mêmes ils se comportent très différemment ; ainsi celui du *L. Kirkii* se coagule au fur et à mesure qu'il sort de la plante, alors que d'autres restent liquides pendant un temps plus ou moins long.

D'après M. Lecomte, la teneur en caoutchouc du latex des *Landolphia* varie de 20 à 50 p. c. suivant les époques, et naturellement aussi suivant les espèces.

M. Baucher renseigne le *L. senegalensis* D. C. comme pouvant fournir de 2 à 3 kilogrammes de caoutchouc par pied.

IV. ESSAI DES LATEX.

Il est, paraît-il, toujours possible de reconnaître d'avance et facilement si c'est la résine ou le caoutchouc qui domine dans un latex. M. Lecomte a, en effet, observé

que les latex résineux prennent, au moment de la solidification, une apparence nacrée, ce qui n'a jamais lieu
avec les latex riches en caoutchouc. Les Noirs distinguent
les bons latex des mauvais, ce qui semble indiquer que
lorsqu'ils ajoutent un latex résineux à un latex à caoutchouc, c'est dans un but de fraude et non par ignorance.
Au Congo français, pour s'assurer de la qualité d'un suc
laiteux, les Noirs font autour de leur bras un ruban à
l'aide de ce liquide, puis, lorsqu'il s'est solidifié, ils
retroussent les bords de la lamelle formée et en font une
sorte de bracelet ; s'ils réussirent à obtenir un bracelet
élastique, ils considèrent la liane comme bonne, dans le
cas contraire ils la rejettent.

Dans plusieurs localités de l'État indépendant, c'est
en s'enduisant de latex certaines parties du corps et en
examinant la qualité du produit laissé après l'évaporation
du liquide, qu'ils jugent de la valeur de la liane.

v. RÉCOLTE DU LATEX.

Pour obtenir le suc laiteux qui tient en suspension
le caoutchouc, il est nécessaire de lui créer une voie de
sortie. Les indigènes incisent le végétal de façons très
diverses, suivant les régions, mais, généralement, ils
procèdent très mal. Les uns donnent des coups de couteau
ou de hache dans le tronc, sans tenir compte de la pro-
fondeur des entailles ou de leur direction; d'autres, plus
expéditifs, coupent les lianes ; or, il paraît à peu près
certain que presque toujours les lianes coupées périssent,
à moins que la section n'ait été faite au moins à trois
mètres du sol.

En tout cas, la récolte par ce procédé doit être prohibée
de la façon la plus absolue. Les lois de l'État tolèrent
seulement les incisions, et encore faut-il qu'elles ne soient
pas trop profondes. De légères incisions suffisent pour la

récolte, attendu que les vaisseaux laticifères se trouvent placés à une faible distance de la surface externe. Pour pratiquer ces incisions, des couteaux courts, aigus, solides et bien aiguisés me paraissent suffisants. On admet que la meilleure figure de saignée à adopter consiste en une fente verticale, sur laquelle viennent se raccorder 2 ou 3 paires d'incisions obliques. On pratique un nombre plus ou moins grand d'incisions semblables, d'après la dimension de la liane, en ayant soin de ne point les faire toutes du même çôté, mais, au contraire, en quatre points différents, opposés deux à deux.

Les saignées ne doivent point être répétées trop souvent, afin que la liane ne s'épuise pas et puisse refabriquer du latex ; le temps de repos doit varier suivant l'espèce, l'individu, la saison, etc. ; c'est l'observation attentive des plantes productrices, sur les lieux, qui permettra de le fixer.

' Le suc laiteux qui s'écoule des incisions devra être l'objet de soins spéciaux. Les indigènes qui le laissent couler par terre obtiennent un produit absolument impur ; ceux qui se le frottent sur le corps, puis l'enlèvent avec la main nue ou enduite de sable, récoltent une matière mélangée de corps gras et autres substances pour le moins inutiles.

Lorsque le latex se coagule immédiatement sur la plaie, les indigènes de Mozambique, ainsi que ceux de certaines parties du Gabon, d'après M. Lecomte, saisissent la portion solidifiée et l'attirent doucement à eux, de façon à ce que le latex, sortant de la plante sous forme de trainée et se solidifiant aussitôt, produise des filaments qui sont ensuite enroulés en boule ou en fuseau autour d'un fragment de bois, au fur et à mesure de leur formation. Un caoutchouc obtenu de cette manière doit nécessairement être bon, s'il n'est pas, dans la suite, retravaillé dans un but de fraude.

On peut rapprocher de ce procédé la récolte du caoutchouc de Ceara, qui se fait en recueillant les larmes provenant de la dessiccation du latex sur les incisions mêmes.

Beaucoup de sucs laiteux jouissent de la propriété de se coaguler presque instantanément; on n'en connaît point encore la cause.

VI. COAGULATION.

Les latex ne se coagulent pas toujours spontanément; il est souvent nécessaire de les recueillir et d'en déterminer ensuite la coagulation.

Pour les recueillir, on fixe à la base de l'entaille, au moyen d'argile ou de liens, un récipient quelconque, par exemple un tube de bambou ou une calebasse, dont la principale condition sera d'être propre. Lorsqu'on a obtenu une quantité suffisante de liquide, on le verse dans une auge où l'on fera conguler le tout.

Les procédés employés pour faire prendre le latex en masse sont des plus variés. Au Para, on se sert d'un instrument en bois affectant la forme d'un battoir de blanchisseuse, pourvu d'un manche très long afin de pouvoir le manier avec plus d'aisance et à deux mains ; on en plonge l'extrémité élargie dans le latex, puis on l'expose sous toutes ses faces à un feu alimenté par les graines d'un palmier *(Maximiliana regia)*. Ce feu dégage une fumée très abondante qui, tout en déterminant la solidification du caoutchouc, l'imprègne de principes antiseptiques qui l'empêcheront dans la suite de subir des fermentations putrides semblables à celles des caoutchoucs africains.

En Afrique, cette méthode n'est guère usitée ; la coagulation s'y fait de façons très diverses suivant les régions, mais tous les procédés employés rentrent dans les catégories suivantes : 1° par les acides ; 2° par les sels ; 3° par l'alcool ; 4° par la chaleur.

3

1°. *Par les acides.* En divers points, on utilise les acides pour opérer la coagulation ; tantôt on s'adresse au suc de citron (Madagascar, Sénégal, Rivières du Sud), d'autres fois à l'acide tartrique ; là où les Blancs ont pu conseiller le Noir, ils lui ont indiqué l'acide sulfurique dilué (Madagascar et certaines républiques américaines) ; parfois, enfin, les indigènes font usage de sucs végétaux, obtenus par expression de plantes grasses (Congo), d'Euphorbes, sans doute, ou de décoction de Tamarin (Madagascar). Ces deux derniers procédés, bien qu'ayant l'avantage de recourir à des substances qui existent sur place et de ne nécessiter aucun frais, ne me semblent guère convenables, par suite des impuretés que ces sucs ne manquent pas d'introduire dans le caoutchouc (tannin, matières azotées, sucres, acides).

Au Congo, on utilise quelquefois le fruit de certains *Amomum.* Le caoutchouc obtenu par ce procédé est excellent ; sa valeur oscille entre fr. 6,60 et fr. 6,80, alors qu'avant l'emploi de cette méthode le caoutchouc de ces mêmes régions (district de l'Équateur) valait seulement de fr. 4,60 à fr. 4,80 ; étant donné ce résultat, l'État indépendant du Congo a pris des mesures pour généraliser ce procédé sur tout son territoire. C'est M. le capitaine Fiévez qui, le premier, l'a renseigné au gouvernement.

Le jus de citron, outre qu'il est coûteux, a le même défaut que les méthodes précédemment citées ; toutefois, les quantités de ce suc nécessaires pour déterminer la coagulation sont si minimes qu'on pourrait n'y point faire attention, si l'opération était bien faite ; malheureusement il n'en est pas ainsi, car on trouve fréquemment des graines de citron dans le caoutchouc ainsi traité.

En Sénégambie, les Noirs s'y prennent d'une manière tant soit peu différente : ils font une incision, puis ils lavent la plaie avec une solution de sel marin ou de jus de citron, après avoir placé à la base de l'entaille une petite calebasse dans laquelle s'écoule le coagulum.

De même que d'autres acides minéraux, l'acide sulfurique convient bien pour coaguler le latex ; mais c'est une substance dangereuse, dont l'emploi exige une prudence qui manque habituellement aux Noirs. De plus, les caoutchoucs coagulés par les acides doivent être soigneusement lavés ; comme ces lavages sont difficiles à effectuer convenablement, les produits conservent presque toujours une partie de leur acidité, ce qui, paraît-il, déplaît aux marchands de caoutchouc.

M. Lecomte, envoyé au Gabon pour étudier les produits utilisables de cette région, notamment les caoutchoucs, a fait des recherches sur les procédés de coagulation à employer de préférence ; comme il a bien voulu me donner quelques indications au sujet de ses expériences, je vais relater ce qu'il pense des procédés mis en œuvre.

A son avis, les acides donnent souvent de mauvais résultats, parce que les indigènes versent la solution acide dans le latex, alors que c'est le contraire qu'il convient de faire. M. Lecomte m'a dit avoir obtenu de beaux caoutchoucs en procédant de cette dernière façon, même avec de l'acide azotique dilué ; malgré cela, il ne recommande pas cette méthode.

2° *Par les sels*. Diverses solutions salines peuvent servir de coagulants, notamment celle de chlorure de sodium (sel de cuisine) employée au Cap-Vert et au Sénégal, d'alun (sulfate d'alumine et de potasse), de sublimé corrosif (bi-chlorure de mercure), etc.

Leurs défauts sont : pour certaines, d'être des poisons pouvant donner lieu à des accidents extrêmement graves (le sublimé entre autres) ; pour toutes, d'introduire une quantité plus ou moins grande de substance saline dans le caoutchouc et d'altérer ainsi la qualité de ce produit ; enfin, de donner un caoutchouc contenant de l'eau dont il est difficile de le débarrasser.

Ainsi, il est reconnu que le caoutchouc de Pernambuco est altéré par suite du procédé employé pour le coaguler : la méthode suivie consiste à traiter le latex par une solution concentrée d'alun, puis à soumettre la masse obtenue à une forte pression destinée à en expulser plus ou moins ce sel.

3º *Par l'alcool.* A Madagascar, ainsi que dans certaines régions du continent, on emploie parfois l'alcool de traite pour déterminer la prise en masse. L'alcool est certes un bon coagulant, mais, pour obtenir un excellent résultat, il faudrait se servir d'alcool fort, en assez grande quantité, ce qui rendrait le procédé très coûteux ; de plus, il paraît que le caoutchouc est capable d'en absorber une forte dose.

4º *Par la chaleur.* M. Lecomte, et je me range à son avis, pense que la meilleure méthode pour coaguler le caoutchouc est l'emploi de la chaleur.

Dans les procédés indiqués précédemment, des impuretés pénètrent toujours dans le produit obtenu et peuvent nuire plus ou moins à ses propriétés ; en outre, de l'eau ou de l'alcool peuvent être absorbés et en augmenter le poids ; enfin, plusieurs demandent beaucoup de prudence dans leur emploi ou obligent à des manipulations plus ou moins compliquées.

En faisant usage d'une chaleur convenable, on obtient un caoutchouc compact, renfermant peu d'eau, plus ou moins stérilisé et, par suite, ne prenant point aussi facilement une mauvaise odeur, comme c'est le cas pour beaucoup de caoutchoucs africains ; de plus, cette méthode n'exige que peu de matériel et des matières qu'on trouve partout.

Exposer comment il faut employer la chaleur est difficile, car le procédé doit varier suivant les espèces végétales, et probablement aussi suivant les époques ; tout cela doit être déterminé sur place, expérimentalement, par des personnes très au courant de la question.

Dans certains cas, il suffit de chauffer le latex à une température inférieure au point d'ébullition pour provoquer la formation du coagulum (*L. owariensis*, Pal. de Beauv.) ; d'autres fois on est obligé d'évaporer complètement (*L. owariensis* var. *florida* K. Schum.) ; enfin il est des latex pour lesquels il suffit de plonger les récipients qui les renferment dans de l'eau chaude.

Le procédé au trempage employé au Para, décrit précédemment, et qui donne de très bons résultats, pourrait sans doute être utilisé au Congo. Il a le grand avantage de donner un caoutchouc imputrescible, renfermant très peu d'eau.

Quand on emploie la chaleur, on doit observer qu'il convient de ne point trop élever la température, sans quoi le caoutchouc reste poisseux.

A l'Exposition d'Anvers de 1885 figuraient des plaques de caoutchouc préparées à l'aide du procédé dit Macedo-Bentes, dont on trouve la description dans le rapport présenté en cette occasion par M. Fr. De Walque (1), qui s'exprime en ces termes :

« Avec la méthode Macedo-Bentes, le suc laiteux est étendu sur des planches polies ; on en met différentes couches qui, en se séchant successivement, forment une feuille très fine et très claire de 6 à 7 millimètres d'épaisseur, où tout le caoutchouc est de qualité supérieure, ce qui augmente considérablement la valeur en diminuant les déchets.

» Ce caoutchouc brut en feuilles constitue une des nouveautés les plus intéressantes qui aient paru à l'exposition. L'inventeur a résolu ce triple problème : expulsion de l'humidité, qui augmente inutilement le poids du caoutchouc ; absence de matières étrangères, qui diminuent la valeur des produits et rendent obligatoire une classifi-

(1) *Rapports des membres du jury international des récompenses de l'Exposition d'Anvers de 1885*. T. III, p. 286 (rapport de M. Van Heurck) et p. 556 (rapport de M. De Walque).

cation rigoureuse des diverses sortes en plusieurs catégories ; enfin la facilité du transport, par suite de la forme
en feuilles. »

VII. EXTRACTION PAR FERMENTATION.

Le caoutchouc exploité dans la région qui s'étend entre
Léopoldville et le Kwango oriental est fourni par une
petite plante herbacée, d'un mètre de hauteur environ,
qui croît dans la brousse, ce qui la fait désigner sous le
nom de *caoutchouc des prairies*. D'après les renseignements que m'a donnés M. le capitaine Chaltin, ses fleurs
et ses fruits sont identiques à ceux des autres lianes à
caoutchouc, ce qui me fait supposer que la plante en question est le *L. lucida* K. Schum., exploité à Mukenge.

Le caoutchouc du Kwango, dont de forts beaux spé-
cimens figuraient à l'Exposition d'Anvers, section de
l'État indépendant du Congo, est d'un rouge brun, très
élastique et de bonne qualité. On l'obtient en arrachant
les plantes, en coupant les branches et les racines, et en
les faisant ensuite rouir, comme le lin, afin de les débarrasser des portions cellulosiques ; après quoi on soumet
le tout à un battage énergique qui en sépare le caoutchouc. Le produit qui en résulte est ensuite pétri en
boules, forme sous laquelle il se vend. Ce travail est
effectué par des femmes (Lieutenant Costermans).

On doit rapprocher de ce procédé une méthode pré-
conisée il y a quelque temps (1) dans un brevet, laquelle
consiste à soumettre les végétaux frais ou secs, réduits
en fragments convenables, à l'action d'une déchiqueteuse
et d'un courant d'eau, soit froide, soit chaude, de manière
à transformer mécaniquement la matière en une masse
plus ou moins finement broyée. Pour séparer la gutta ou
le caoutchouc de cette masse, on jette celle-ci dans une

(1) Voir REVUE QUESNEVILLE, 1894, p. 126.

grande quantité d'eau, puis on recueille les cellules à gutta qui s'élèvent sous forme d'écume à la surface. Lorsqu'on en a réuni une certaine quantité, on la pétrit à la main ou mécaniquement et, finalement, on la soumet à l'action de persilleuses, afin d'en former une pâte.

Ce procédé ne paraît guère pouvoir être employé en Afrique : 1° parce que les lianes y sont très nombreuses et que leur latex fournit un excellent caoutchouc sans nécessiter pareille main-d'œuvre; 2° parce qu'il exigerait l'emploi d'appareils broyeurs perfectionnés, d'un prix assez élevé, peu transportables dans les régions centrales de l'Afrique; 3° enfin ce procédé exige la destruction des plantes, ce qui serait désastreux.

CHAPITRE II.

ÉTUDE DES CAOUTCHOUCS AFRICAINS.

—

I. FORME ET ASPECT.

Les caoutchoucs d'Afrique varient beaucoup d'aspect, de couleur, de forme et de qualité : cela est dû à ce qu'ils ne sont point fournis partout par les mêmes végétaux ; de plus, les procédés de récolte sont souvent très différents ; enfin, les indigènes y ajoutent ordinairement deux ou trois sucs laiteux, qui ne sont point toujours les mêmes, ne s'y trouvent pas dans des proportions constantes et ne sont pas toujours caoutchoutifères. Aussi je pense qu'il faut être très réservé lorsqu'on donne son avis sur un caoutchouc africain.

Le manque de discernement dans la récolte, l'addition de sucs végétaux divers ou de fragments de toute espèce, dans un but de fraude ou pour aider la coagulation, la préparation défectueuse, sont toutes causes qui rendent le caoutchouc mauvais.

II. EXAMEN DES CAOUTCHOUCS AFRICAINS.

Nous allons passer rapidement en revue les caoutchoucs des diverses régions d'Afrique, à l'exclusion de ceux de l'État indépendant du Congo, auxquels nous consacrerons un chapitre spécial.

J'indiquerai les formes qu'affectent les caoutchoucs africains, sans toutefois insister sur ce point, car je considère les formes et les couleurs comme très variables et de peu d'importance au point de vue de l'origine des marchandises.

Pour que la description d'un caoutchouc ait de la valeur, il est nécessaire que le descripteur ait recueilli et coagulé lui-même le produit décrit. Il ne suffit pas qu'il l'ait fait faire par des indigènes, à moins qu'il ne possède des produits d'origine absolument certaine ; comme c'est le premier cas qui se présente le plus fréquemment, il en résulte que l'on ne peut guère se fier aux descriptions données.

Les noms des espèces auxquelles tel ou tel produit est attribué, sont donnés sous toutes réserves dans le présent travail ; car notre opinion est que toutes ces déterminations sont inexactes.

Côte occidentale. — *Sénégal, Soudan et Sénégambie française.* — Le caoutchouc du Sénégal est attribué au *Landolphia senegalensis* D. C., au *Landolphia tomentosa* (Leprieur) A. Dew., et peut-être aussi au *Landolphia Heudelotii*, A. D. C. Le Sénégal lui-même ne fournit que peu de caoutchouc ; par contre, le Soudan français, le Foutah-Djallon, les Rivières du Sud et les territoires de Samory, de Tieba, de Kong, etc., en donnent des quantités assez notables. Son introduction remonte à une époque déjà lointaine ; on trouve, en effet, qu'en 1855 il en arrivait déjà en France, et qu'en 1856 il en est entré 10 884 kilogr.

Ce caoutchouc se présente sous forme de boules plus ou moins volumineuses et sous forme de plaques de 130 à

150 grammes, gluantes, grumeleuses, noirâtres en dehors, grisâtres en dedans. Il peut renfermer jusqu'à 38 p. c. de substances étrangères (eau et impuretés).

D'après Baucher, les boules sont obtenues par coagulation du latex à l'aide de procédés chimiques, tandis que les plaques se préparent en coagulant à l'aide de la chaleur.

D'autre part, Sambuc dit que dans l'intérieur des terres les boules s'obtiennent en enlevant, au moyen d'un couteau, un mince lambeau d'écorce, après quoi on lave la plaie avec une solution de sel marin ; le latex se coagule à sa sortie et forme sur la surface de section une sorte de feutrage de caoutchouc en filaments enchevêtrés ; on râcle, et on enroule ces fils les uns sur les autres en boules d'une certaine grosseur.

On désigne au Sénégal sous le nom de *gomme de Kell* un produit fourni par des *Ficus*. C'est, d'après Baucher, une substance rouge dont la coloration est due à la présence des matières colorantes de l'écorce externe ; cette substance, plutôt ductile qu'élastique, présente les caractères d'une gutta-percha de qualité inférieure et non ceux d'un caoutchouc de valeur moyenne.

On y signale également le *Calotropis procera* R. Br. comme susceptible de fournir du caoutchouc, ainsi que d'autres végétaux qui ne sont encore connus que sous leurs noms indigènes.

Gambie. — La Gambie fournit aussi un peu de caoutchouc. Il provient, paraît-il, de deux plantes, dont l'une est une liane analogue au *L. owariensis* Pal. de Beauv., nommée en Volof « *Tavol* » et en Mandingue « *Pholey* » ; c'est, je pense, le *L. senegalensis* D. C. La gomme donnée par ce végétal est blanche et élastique. L'autre plante serait un arbre que les Volofs nomment « *Maddah* » et les Mandingues « *Cabbah* ». Ce nom de Maddah fait penser au *Mad* du Sénégal, qui est le *L. Heudelotii* D. C.; mais comme cette dernière est une liane et non un arbre, il se pourrait que le Maddah fût plutôt un *Ficus*.

Le produit de la seconde plante est moins bon que celui de la première. La récolte se fait par incisions ; la coagulation du latex est provoquée par addition d'eau salée.

Ce sont les Mandingues, Noirs très commerçants, qui rassemblent le caoutchouc récolté dans les diverses parties du territoire et viennent le vendre aux Européens. On y cultive le *Manihot Glaziovii* Muell., qui s'y développe bien malgré le sol pierreux, sablonneux et très aride où la plantation a été faite.

Casamance. — On donne ce nom au territoire parcouru par le fleuve Casamance ; cette région peut fournir une grande quantité de caoutchouc ; ainsi, d'après M. Chapel, Sedhiou a exporté :

En 1883	59 623 kilogr.
En 1884	103 347 »
En 1887	150 000 »

On distingue deux sortes de gomme de cette provenance : l'une, récoltée sur la rive droite du fleuve et sur les hauts plateaux, est connue sous le nom de *Casamance ;* l'autre, provenant de la rive gauche, est appelée *Gambie*.

Ce caoutchouc se présente sous forme de boules plus ou moins volumineuses, dont le poids varie entre 300 et 800 gr. et peut même aller jusqu'à 2 kilogr. ; leur chair est grisâtre, tirant sur le blanc crémeux, parfois sur le rose. Il se présente aussi sous forme de plaques irrégulières, plus épaisses au centre qu'à la périphérie.

Le taux de ce caoutchouc a varié, depuis six ans, entre trois et six francs.

On l'attribue au *Landolphia senegalensis* D. C., espèce abondamment répandue sur toute cette portion de la côte africaine; mais d'autres espèces interviennent certainement dans sa production.

La récolte est effectuée par les Mandingues ou naturels du pays et par les Acous, Noirs venant chaque année dans la Casamance pour recueillir la gomme élastique ; c'est celle préparée par ces derniers qui est la plus estimée, par suite de soins spéciaux qu'ils apportent à la récolte et à la coagulation.

La solidification se fait en aspergeant d'une solution de sel marin le latex qui s'écoule des parties incisées, et en en formant un noyau autour duquel les récolteurs enroulent les fils de caoutchouc provenant de la coagulation du latex au fur et à mesure qu'il sort du végétal.

L'exportation de ce produit est relativement récente, car avant 1882, il n'en arrivait en Europe que des quantités absolument insignifiantes. Avant cette date (1876), M. Boissy avait expédié en France quelques kilogrammes de ce caoutchouc ; la façon très originale dont il fut récolté par les Nègres est donnée par M. Chapel en ces termes : « l'indigène faisait dans le tronc de l'arbre une incision verticale commençant aussi haut que le bras pouvait atteindre et s'arrêtant à 60 centimètres environ au-dessus du sol. »

Guinée portugaise. — On désigne sous ce nom les territoires parcourus par le Cacheo ou Rio-Farim, la Geba, le Rio-Grande, qui dans la partie supérieure de son cours prend le nom de Comba. A l'embouchure de la Geba et du Rio-Grande se trouvent les nombreuses îles qui forment l'archipel des Bissagos. C'est l'une des îles de cet archipel, celle de Boulama, ayant pour capitale Boulam, qui centralise le caoutchouc de ces régions et même celui provenant d'une partie du Foutah-Djallon, lequel comprend lui-même des gommes recueillies sur divers points de la côte depuis Sedhiou jusqu'à Freetown.

Ce caoutchouc, connu sous le nom de Boulam, est extrait du *Landolphia Heudelotii* et du *L. senegalensis* D. C. Son introduction en Europe est due aux Portugais, qui engagèrent les Balantes, naturels du pays, à le récolter ; dès 1882, le gouverneur de la Guinée portugaise signalait la production annuelle comme étant de 20 tonnes. En 1885, il en fut exporté 65 000 kilogr. Cette sorte est de qualité très inférieure.

Rivières du Sud et Foutah-Djallon. — On désigne ainsi un territoire s'étendant sur un espace de 3oo kilomètres, entre la Guinée portugaise et les possessions anglaises de Sierra-Leone. Il est parcouru par de nombreux cours d'eau, entre autres par le Rio-Nuñez, le Rio-Pongo, le Rio-Konkoré, les rivières Dubreka et Mellacorée, et englobe la portion nommée Foutah-Djallon.

Les plantes exploitées sont les *Landolphia senegalensis* D. C., *L. owariensis* Pal. de Beauv., *L. tomentosa* (Leprieur) A. Dew. et *L. Heudelotii* D. C., ainsi que des *Ficus*.

La récolte du latex s'effectue par abatage des lianes ; aussi ces végétaux tendent-ils à disparaître.

La coagulation se fait à l'aide de solutions comme dans la Casamance.

La valeur de ce caoutchouc oscille entre fr. 2 et 4,5o ; ce bas prix est dû au peu de soins apportés à sa récolte par les Sous-Sous. Comme le prix d'achat aux indigènes est très élevé, il en résulte que les bénéfices bruts réalisés sur la vente de ce produit sont de 3o p. c. en moyenne.

Le commerce de la gomme élastique est surtout pratiqué dans les villes suivantes :

Boké, sur le Rio-Nuñez, qui a exporté : en 1883, 297 653 kilogr. de caoutchouc, d'une valeur de fr. 440 268 ; en 1885, pendant les seuls mois d'avril et de mai, 6o2 699 kilogr.; Boffa, sur le Rio-Pongo, a expédié 100 tonnes en 1889 ; Konakry en a rassemblé, pendant cette même période, 23o ooo kilogr.; et Benty, 17o ooo kilogr., venant de la Mellacorée.

G. Paroisse rapporte qu'au Rio-Pongo les lianes à caoutchouc ont presque complètement disparu, et que pour les retrouver il faut pénétrer au loin dans les forêts du Foutah-Djallon.

Sierra-Leone. — Le caoutchouc de Sierra-Leone est rapporté par M. Morellet au *Landolphia owariensis* P. de Beauv., sans preuves suffisantes, me semble-t-il ; d'aucuns ont prétendu qu'il était fourni par le *Ficus Brassii* R. Br.; d'autres espèces concourent bien certainement encore à sa production.

Il se présente sous forme de plaques ou de boules d'une valeur moyenne ; ces dernières sont, paraît-il, d'un blanc crémeux ou grises à l'intérieur, et non d'un blanc rosé comme celles de la rive droite de la Casamance (M. Chapel).

Freetown est la ville où vient se rassembler ce caoutchouc, d'où il est exporté en Europe. Sa qualité étant très inférieure, il n'est que médiocrement estimé.

Liberia. -- Liberia produit aussi du caoutchouc. Th. Christy l'a attribué au *Ficus Vogelii* Miq., le *Liberia Rubber* des Anglais, et en partie au *Landolphia comorensis* var. *florida* (Boj.) K. Schum. ; M. Chapel indique le *Landolphia owariensis* P. de Beauv., ce qui me paraît plus probable.

Il se présente sous forme de petites boules brunes extérieurement, blanches intérieurement ; il contient 25 à 35 p. c. d'impuretés.

Côte de l'Ivoire ou Guinée française. — La Côte de l'Ivoire possède un climat à la fois chaud et humide, c'est-à-dire qu'elle réunit les conditions les plus favorables au développement des végétaux à caoutchouc ; aussi ceux-ci s'y rencontrent-ils en abondance.

Les végétaux producteurs actuellement connus sont : *Ficus Vogelii* Miq. et des *Landolphia.*

Le latex des *Ficus* est recueilli dans des récipients, puis coagulé par addition de sel et d'eau.

Ce caoutchouc affecte la forme de boules d'un à trois centimètres de diamètre, dont la portion interne est brune, marquée de quelques petits points blancs. Sa qualité est bonne ; il atteint jusque six francs sur les marchés anglais.

Les expéditions de cette gomme se font par Grand-Bassam, où sont amenées les récoltes faites dans l'intérieur du pays. Il est acheté principalement par les Anglais.

Une statistique récemment publiée par la *Revue coloniale* de janvier 1895, n° 1, p. 40, indique pour les exportations de caoutchouc de la Côte de l'Ivoire les chiffres suivants :

1890	76 576 fr.
1891	97 952 »
1892	45 526 »
1893	77 032 »
1894 (3 premiers trimestres)	104 211 »

Côte de l'Or ou Pays des Achantis. — Les Anglais ont exporté de cette contrée les quantités de caoutchouc suivantes : en 1883, 25 tonnes, d'une valeur de 2371 liv. st.; en 1884, 99 tonnes.

La gomme de première qualité vient de Krépi ; elle est fort chère sur le marché de Liverpool. Celle qui est exportée de Cape-Coast provient du Pays des Achantis et de Denkera ; elle est de qualité inférieure.

Du caoutchouc est aussi embarqué à Accra ; il affecte une forme spéciale, qui l'a fait désigner sur les marchés européens sous le nom de « *biscuits d'Accra* ».

Ces gommes élastiques sont peu nerveuses, à chair blanche traversée quelquefois par des veines rougeâtres; la grande quantité d'impuretés qui s'y trouvent (35 p. c.) les fait placer parmi les sortes moyennes des bonnes qualités secondaires (M. Chapel). Elle provient surtout du *Ficus Vogelii* Miq.

Côte des Esclaves, Lagos, Dahomey. — Cette partie de la côte de Guinée comprend :

Togo et Petit-Popo (possessions allemandes) ; Dahomey, Grand-Popo, Porto-Novo (possessions françaises) ; Badagry et Lagos (possessions anglaises) ; Mahin.

Toutes ces régions sont susceptibles de fournir beaucoup de gomme élastique ; elle est produite par le *Ficus*

Vogelii Miq., probablement aussi par le *Landolphia owariensis* Pal. de Beauv., et vraisemblablement par d'autres. Je ne possède de détails que sur celle de Lagos.

Les premiers envois de caoutchouc de Lagos furent faits en 1888 ; les rapports dont il fut alors l'objet constatèrent qu'il renfermait beaucoup de résine et qu'il était très difficile à travailler aux machines déchiqueteuses.

De nouvelles quantités, recueillies et préparées avec soin, ayant été envoyées depuis, furent trouvées excellentes. Il perdait seulement 10 p. c. après lavage et dessication et 13 p. c. après un traitement par l'alcool, qui avait pour but d'enlever les résines et quelques autres substances ; cette dernière opération pourrait être négligée.

Cette gomme élastique tire son origine de divers *Ficus*, notamment du *Ficus Vogelii* Miq., l'*Abba* des indigènes de la Côte d'Or. Cet arbre est très répandu à Lagos, où il sert à ombrager les marchés, les rues, les places, etc.

L'extraction du caoutchouc a été faite par M. Higginson de la façon suivante. Le latex qui lui était apporté dans des flacons à gin était abandonné pendant 24 heures, après avoir été filtré au travers d'une mousseline. Ensuite il était placé dans des marmites et porté à l'ébullition, après avoir, au préalable, été additionné d'une pinte d'eau par six bouteilles si le latex était pur ; s'il était jugé déjà suffisamment aqueux, on omettait cette opération. Lorsque l'ébullition commençait, on y ajoutait du jus de citron (un citron par bouteille, à peu près) pour faciliter la coagulation.

Le caoutchouc de Lagos s'achète sur place à un prix relativement élevé, puisque les 40 livres envoyées en Angleterre furent payées fr. 39,60, soit à peu près un franc la livre. Cela est dû à ce que les naturels de cette région sont d'une paresse extrême ; ils préfèrent dormir plutôt que de faire la moindre besogne, et ne consentent à se déranger qu'à des prix suffisamment rénumérateurs ; de plus, ils sont fraudeurs, et, au lieu d'apporter des flacons de latex purs, ils viennent offrir des bouteilles contenant une moitié d'eau.

Cette gomme arrive sous forme de blocs ou de briques de couleur noirâtre extérieurement, de 15 centimètres de longueur sur 12, 5 centimètres de largeur et 5 centimètres d'épaisseur ; elle n'a point subi d'altération pendant la traversée.

Niger, Benin. — L'embouchure du fleuve est occupée par les Anglais qui y ont installé diverses compagnies commerciales.

Le commerce sérieux dans le Niger ne commença, d'après M. de Béhagle (*Le Mouvement africain,* 15 septembre 1894, p. 55), que vers 1863, époque à laquelle la Compagnie de l'Ouest Africain de Liverpool y ouvrit des comptoirs.

A cette époque, cette région était très peu fréquentée. Les navires français qui y venaient faire la troque en avaient été chassés par les croisières anglaises, qui les poursuivaient comme négriers.

Jusqu'en 1880, cette Société y jouit du monopole exclusif du commerce, mais, à partir de ce moment, elle eut à lutter contre deux compagnies françaises qui vinrent s'y établir.

On exporte du caoutchouc du Niger, mais il est encore fort peu connu.

Signalons cependant les *Niger-Niggers,* boules de couleur rougeâtre, de qualité très inférieure, donnant jusqu'à 40 et 50 p. c. de déchets.

Le seul végétal producteur connu est le *Landolphia owariensis* Pal. de Beauv.

Cameroon. — Cette possession allemande, située entre la colonie anglaise du Niger et le Gabon, fournit du caoutchouc depuis quelques années (depuis 1882, je pense, mais depuis 1884 d'une façon sérieuse). Les échantillons exposés au musée de Berlin sont piriformes, noirs, percés d'un trou dans leur bout le plus mince, afin de pouvoir y passer un lien. Sa récolte est effectuée par les naturels et par des Suédois établis sur les pentes de la montagne.

Les *Landolphia* de cette région qui, paraît-il, fournissent du caoutchouc sont les suivants : *L. Heudelotii* D. C. ; *L. owariensis* Pal. de Beauv. ; *L. Mannii* Th. Dyer.

Gabon et Congo français. — Le Gabon et le Congo français fournissent des caoutchoucs de forme, d'aspect et de consistance très différents, suivant les végétaux dont ils proviennent et les préparations que l'on a fait subir au latex.

Ce sont souvent des boules d'un noir brunâtre, parfois des masses blanchâtres, plus ou moins volumineuses, quelquefois des langues, c'est-à-dire de petits morceaux allongés, gros comme le doigt, agglutinés les uns aux autres.

Les Gabonnais donnent au caoutchouc le nom de *N'dambo*. D'après le Dr P. Barret, la récolte se fait à l'intérieur des terres dans les régions habitées par les Pahouins, les Boulous, les Moundas et les naturels de la rivière Danger.

Le R. P. Lejeune (1) nous apprend qu'au Gabon ce sont principalement les Fâns ou Pahouins qui ont le monopole du commerce du caoutchouc. Comme les plantes ne se rencontrent plus guère le long des fleuves et qu'il faut, pour les trouver, s'enfoncer dans les forêts en courant mille périls (bêtes féroces, attaques des sauvages, intempéries, etc.), cette récolte ne peut être faite que par des naturels ; ceux-ci, pour revenir avec une charge de 20 kilogr. de caoutchouc, doivent pendant huit jours subir toutes sortes de fatigues et de privations.

Quant ils partent à la recherche de ce produit, ils se réunissent par bandes de dix ou quinze hommes et de

(1) R. P. Lejeune, ANNALES APOSTOLIQUES, 1892, p. 74.

quarante à cinquante femmes, voyagent à travers les forêts, ne suivant d'autre sentier que celui des animaux sauvages ; ils s'installent auprès d'un ruisseau et rayonnent tout à l'entour, coupant les ébéniers et saignant les caoutchoutiers.

Les indigènes de Setté-Cama se livrent également au commerce du caoutchouc ; mais au lieu de le recueillir eux-mêmes, ils se le procurent en l'échangeant avec des tribus de l'intérieur contre du sel, qu'ils fabriquent eux-mêmes.

Le P. Ussel dit à propos du commerce du caoutchouc au Congo français : « La population de Bongo est très nomade. Elle est composée principalement des Noirs des caravanes qui, chaque jour ou à peu près, apportent le caoutchouc dans les factoreries. Les contremaîtres, les chefs de ces caravanes sont des traitants noirs, des Accra, des Sierra-Léonais, des Lagos, des Gabonais, des Loangos ou des chefs du pays. Ils arrivent avec dix, vingt, cinquante porteurs, selon la valeur des avances qu'ils ont précédemment reçues du gérant.

» On emploie ici beaucoup comme porteurs de caoutchouc des enfants des deux sexes. La marchandise, soigneusement renfermée dans des nattes, est placée dans des espèces de hottes ; chaque garçon ou fille transporte d'Ashira et d'au delà à Bongo des charges de 3o kilogr. C'est excessif pour leur âge et leur taille.

» L'interprète de la factorerie compte les boules de caoutchouc ; l'Européen les pèse, puis, de nouveau, remet au traitant d'autres marchandises, étoffes, couteaux, assiettes, petites perles, chapeaux, tabac, etc., et du rhum. Lorsque toutes les avances sont distribuées, et que tous les porteurs ont reçu leur ration, chacun prend sa charge et on repart après un jour de repos. »

Le Dʳ Barret pense que les seuls végétaux exploités sont les lianes de la famille des Apocynées, désignées par les indigènes sous le nom d'*Olambo,* bien qu'il y existe

cependant d'autres végétaux pouvant donner du caoutchouc, notamment un *Ficus* (Mponde), une Urticée et une
Euphorbiacée.

Les lianes sont des *Landolphia* et des *Carpodinus*, mais
on n'a guère signalé comme végétaux exploités que les
Landolphia ; les espèces de ce genre qui y ont été ren-
contrées jusqu'à ce jour sont les *L. comorensis* (Boj.)
K. Schum. ; *L. comorensis* (Boj.) var. *florida* K. Schum. ;
L. Petersiana Th. Dyer ; *L. Petersiana* var. *crassifolia*
K. Schum. ; *L. Lecomtei* A. Dew. ; *L. owariensis* P. de
Beauv.

La récolte se produirait, d'après les uns, aux dépens du
L. owariensis Pal. de Beauv., d'après les autres, aux
dépens du *L. comorensis* var. *florida* K. Schum. ; les
indications concernant les autres espèces manquent.

D'après des renseignements très détaillés que je tiens de
M. Lecomte, botaniste qui a personnellement fait des
essais sur les caoutchoucs du Gabon, le *L. owariensis*
P. de Beauv. donnerait un excellent produit, alors que
le *L. comorensis* (Boj.) var. *florida* K. Schum., malgré
les idées courantes, ne fournirait qu'une substance inutilisable, tant elle est résineuse, mais que les naturels
mélangent au bon caoutchouc, soit par inadvertance, soit
dans un but de fraude. Ils y ajoutent généralement le
latex de plusieurs autres lianes, qui ne sont pas toujours
des *Landolphia.*

La première exportation de ce caoutchouc du Gabon
remonte à une époque déjà lointaine, qui peut être fixée
approximativement à 1850, car on le voit signalé dans le
catalogue des produits ayant figuré à l'exposition de
1851.

J'extrais d'une lettre fort intéressante que m'a adressée
M. Jardin, ancien inspecteur du service administratif de
la marine française, botaniste distingué qui s'est occupé
de la flore du Gabon, quelques renseignements prouvant
qu'en 1846 le commerce ne se faisait pas encore dans cette

région : « A l'époque où je me trouvais au Gabon, c'est-
à-dire en 1846, ce pays était à peine connu. Il n'y avait
pas de commerçants à terre, si ce n'est un misérable
marchand de bric-à-brac qui trafiquait avec les Noirs ;
de temps en temps il venait soit du Havre, soit de Nantes,
un navire qui restait à l'ancre quelque temps dans la
rivière et qui échangeait avec les naturels des coton-
nades bleues, des fusils de traite, etc., contre de l'huile
de palme ou de l'ivoire. »

A cette même époque un naturaliste, M. du Chaillu, s'y
trouvait, habitant une case de nègre et parcourant le pays
en tout sens ; c'est lui, je suppose, qui aura reconnu
l'existence de végétaux à caoutchouc et qui aura engagé
les indigènes à les exploiter.

A l'heure actuelle, l'importation des caoutchoucs du
Gabon en Europe doit être considérable, vu qu'en 1884
elle était déjà, d'après le Dr Barret, de 700 kilogr. (valeur
2800 fr.) pour la France et de 560 667 kilogr. (valeur
2 242 668 fr.) pour les autres pays. Ce caoutchouc est très
peu estimé par suite de sa préparation défectueuse ; sa
valeur, qui n'était que de fr. 0,50 en 1860, s'est élevée
jusqu'à 4 fr.

Dans le *Bulletin de la Société de géographie commerciale
de Paris*, 1892, p. 154, M. J. Dybowski dit :

« Dans toute la région dite du Niari, le caoutchouc
est exploité, çà et là, par les indigènes. C'est une liane qui
le produit. »

D'après M. Berton (p. 155), le Fernan-Vaz, grande
lagune déchiquetée qui s'étend de la côte au sud des
bouches de l'Ogowé, renferme énormément de plantes à
caoutchouc ; malheureusement les indigènes le travaillent
fort mal, ce qui rend la qualité du produit très inférieure.
M. Thoiré indique la présence du caoutchouc dans le
district de Franceville ; il ajoute qu'actuellement il y est
peu exploité, faute de débouchés. Enfin M. Ravaud, dans
un rapport sur le bassin de la rivière de Eyo ou Benito,

dit que le commerce de cette région consiste surtout en caoutchouc, huile et amandes de palme, ébène, bois rouge, et très peu d'ivoire.

Angola et Loanda. — Ces deux régions, situées au sud de l'État indépendant du Congo, appartiennent aux Portugais. Elles fournissent du caoutchouc dont l'origine doit être attribuée au *Landolphia owariensis* Pal. de Beauv., et d'après quelques auteurs au *Landolphia comorensis* (Boj.) var. *florida* K. Schum. ; d'autres espèces concourent certainement à sa production, mais on ne les connaît point encore.

On a signalé dans les environs d'Ambriz et de Loanda un arbre de 6 ou 7 mètres de hauteur, appartenant à la famille des Euphorbiacées, l'*Euphorbia rhipsaloïdes* Welw., appelé *Cassoneira* par les indigènes, et dont le latex renferme, paraît-il, du caoutchouc.

Les gommes élastiques de ces régions sont du même genre que celles exportées de l'État indépendant du Congo. La meilleure qualité d'entre les sortes exportées est le *Loanda Niggers* ou *Têtes de Nègres*, petites boules de 3 à 5 centimètres, puis viennent les *Thimbles*, et enfin les boules irrégulières de la grosseur du poing ; ces dernières donnent jusqu'à 40 p. c. de déchets.

Il a été exporté de Saint-Paul de Loanda :

En 1873, pour 755 556 fr.
» 1874, — 783 333 »
» 1875, — 716 617 »
» 1880, — 883 333 »

La plus grande partie de la gomme exportée provient de l'intérieur du pays, notamment des régions avoisinant Malange, ville où se tiennent de grands marchés de caoutchouc, et du Bihé.

Benguela. — Dans cette colonie portugaise, on récolte un assez bon caoutchouc, connu sous le nom de « *Quicombo* » ; cependant il est considéré comme étant de qualité très inférieure.

Mossamedès. — Territoire appartenant aux Portugais ; il exporte un peu de gomme élastique ; en 1888, il en est sorti pour environ 300 fr.

Côte orientale. — Les caoutchoucs de la côte orientale sont :

Mozambique. — Le caoutchouc du Mozambique provient au moins de deux plantes, *L. Kirkii* Th. Dyer et *L. Petersiana* (Kl.) Th. Dyer. Il est surtout récolté par les Makouas.

Son exportation a commencé en 1873, époque à laquelle il en fut envoyé en Europe pour environ 5000 fr. ; dans les six années qui suivirent, la vente s'éleva à 1 250 000 fr. pour le port de Mozambique seul ; ensuite elle baissa, à cause de la destruction des lianes. Actuellement cette sorte n'arrive plus dans le commerce qu'en faible quantité.

Elle se présente sous trois formes principales, d'après Morellet :

1° *En marbles,* boules plus ou moins grosses, ressemblant à celles qui proviennent du Sénégal.

2° *En boules* de 2 à 4 centimètres, formées par enroulement de fils de caoutchouc ; leur chair est d'un blanc rosé. Rendement souvent très inférieur à 85 p. c.

3° *En fuseaux,* obtenus en enroulant des larmes de caoutchouc autour d'une baguette de bois ; ils sont tantôt roses, tantôt noirs. Ils donnent de 10 à 25 p. c. de déchet.

Zanzibar. — Les caoutchoucs de Zanzibar sont récoltés dans les immenses forêts qui bordent la côte en face de l'île. Ils sont probablement fournis par le *L. Petersiana* (Kl.) Th. Dyer et par le *L. Kirkii* Th. Dyer.

Une partie de cette gomme y est aussi amenée par les caravanes venant de la région des lacs. Victor Guiraud a évalué l'exportation du caoutchouc de Zanzibar à deux millions et demi de francs (1).

(1) *Les Lacs de l'Afrique équatoriale,* Paris, 1890, p. 37.

Madagascar. — Le caoutchouc de Madagascar, nommé en langage indigène *fingiotra*, est produit par le *L. madagascariensis* (Boj.) K. Schum., identique au *L. gummifera* Lam. ; par le *L. crassipes* Radlk., et probablement aussi par d'autres espèces encore inconnues, car le résident français écrivait, en 1893, qu'une liane à caoutchouc, trouvée en 1891, facile à reproduire par boutures et par graines, n'était pas identique à celles exploitées antérieurement.

Le caoutchouc est récolté principalement sur la côte est, près de l'île Sainte-Marie, et dans le nord-ouest de l'île de Nossi-Bé; on cite aussi Fort-Dauphin et Diego-Suarez.

Il arrive sous forme de boules noires recouvertes d'impuretés extérieurement, ou d'un rose allant jusqu'au brun-rouge, à surface propre. Leur volume varie de la dimension du poing à celle de la tête ; leur section est rosée.

La coagulation du suc laiteux est généralement faite au moyen d'agents chimiques, notamment à l'aide de jus de citron ; cette dernière opération est habituellement si mal exécutée qu'on retrouve de nombreuses graines de ce fruit dans le produit obtenu.

Dans un article dû à M. d'Anthouard (*Revue scientifique* de 1891), on trouve à propos du commerce de caoutchouc à Madagascar les lignes suivantes : « Le caoutchouc se rencontre dans toutes les forêts de l'île, mais, dans les parties facilement exploitables, il commence à devenir rare et les prix ont singulièrement augmenté, surtout sur les marchés de la côte est.

» A la côte ouest, où le commerce est moins actif et où les populations sont clairsemées, il est encore à bas prix et abondant. Cette diminution dans la production doit être attribuée, entre autres causes, à la négligence et à l'insouciance des indigènes, qui, sans se préoccuper de l'avenir, coupent les lianes au pied, pour en extraire plus facilement la totalité du lait.

» On le prépare de différentes manières ; là où les Européens ont pu l'obtenir des habitants du pays, à l'acide; mais dans beaucoup de localités, soit qu'on n'ait pas voulu faire les frais d'achat d'acide sulfurique, soit que les accidents survenus, au début de la manipulation, l'aient rendu impopulaire, on emploie le sel marin, l'absinthe de traite, l'acide citrique, un extrait au tamarin ou encore l'eau chaude.

» Ce produit, qui entre pour une forte part dans le chiffre de l'exportation, a besoin, pour donner tout ce qu'il peut rapporter dans un pays forestier comme Madagascar, que le gouvernement prenne en main le soin de sa conservation, interdise les incendies de forêts, et que les indigènes, abandonnant leurs procédés de récolte, se contentent d'inciser l'écorce et les fruits des lianes, et, outre cela, soignent la préparation. De la sorte, le caoutchouc de Madagascar pourra atteindre des prix plus élevés sur les marchés européens et lutter avec celui de Para. »

M. Héraud ayant trouvé, en 1891, à Farafangana (sud de l'île), une nouvelle liane à caoutchouc, en fit recueillir le suc par les indigènes et réussit ainsi à obtenir une assez grande quantité du précieux produit.

D'après M. Ferraud, l'exploitation de la liane ne durera guère que pendant deux ans, car les Malgaches, suivant leur habitude, ont soin de couper la liane au lieu de l'inciser, et même de la déraciner afin d'en retirer le plus de latex possible.

Les premiers caoutchoucs de Madagascar furent importés en Europe vers 1851 ; l'Angleterre en reçut, en 1860, pour une valeur de 335 livres (8375 fr.), et en 1871, pour 31 000 livres (782 500 fr.). Le P. Abinal indique, pour 1881, fr. 1 125 000, ce qui, d'après Chapel, correspondrait à 375 000 kilogrammes.

En 1885, on a évalué les exportations à 200 tonnes.

Iles Comores. — Les îles Comores exportent un peu de caoutchouc. Il est attribué au *Landolphia comorensis*

Boj., qui s'y rencontre en grande abondance jusqu'à une altitude de 1300 mètres ; les naturels le désignent sous le nom de *Vaughinia*.

La Réunion. — Cette île n'a guère d'importance au point de vue de l'exportation du caoutchouc. La gomme qui en est expédiée ne paraît même pas toujours y avoir été récoltée.

L'acclimatation du *Ficus elastica* Roxb. et de l'*Hevea brasiliensis* Muell. y a été tentée et a réussi ; le caoutchouc du *Ficus* est très bon, celui de l'*Hevea* est de qualité inférieure, ce qui doit être attribué à la façon dont il est préparé. En 1873, figurait à l'exposition de Vienne un échantillon de gomme élastique de cette provenance qui avait été préparé au moyen du latex du *Periploca graeca* Lin. (Chapel). En 1883, il a été exporté de cette île, pour la France seule, 15 536 kilogrammes.

Ile Maurice. — L'île Maurice n'est pas un centre producteur de caoutchouc, c'est tout simplement une sorte d'entrepôt où les navires arrivant de Madagascar, des Comores et d'autres régions, viennent déposer leur cargaison, laquelle est reprise par d'autres bâtiments et conduite ordinairement en Amérique.

La faible quantité produite par l'île même a été attribuée au *Willughbeia edulis* Roxb. et au *Periploca graeca* Lin.

IIIᵉ PARTIE

LES CAOUTCHOUCS DE L'ÉTAT INDÉPENDANT DU CONGO.

LES CAOUTCHOUCS

DE L'ÉTAT INDÉPENDANT DU CONGO.

I. GÉNÉRALITÉS.

L'immense territoire de l'État indépendant du Congo, situé dans la partie la plus centrale de l'Afrique, parcouru par le plus grand des fleuves africains, le Congo, est couvert sur toute sa surface de végétaux fournissant en abondance du caoutchouc.

Ce produit provient principalement de plantes du genre *Landolphia*; d'autres, qui pourraient être exploitées, y existent sans doute, mais elles ne sont que fort peu connues. Les récits des voyageurs rendent à peu près certaine la présence de *Ficus*, de *Tabernaemontana*, et autres végétaux à caoutchouc.

Les *Landolphia* qui, à ma connaissance, s'y rencontrent, sont :

L. comorensis (Boj.) K. Schum.

L. comorensis var. *florida* (Boj.) K. Schum.

L. Petersiana (Kl.) Th. Dyer.

L. owariensis Pal. de Beauv.

L. lucida K. Schum.

On ne possède pour ainsi dire aucun renseignement concernant leur distribution géographique, et on ne sait que peu de chose relativement à la qualité des produits fournis par ces diverses espèces. Un fait est certain,

c'est que le caoutchouc du *L. owariensis* Pal. de Beauv.
est excellent, tandis que celui du *L. comorensis* var.
florida (Boj.) K. Schum. est résineux et ne vaut rien;
nous avons développé dans une autre partie les motifs
qui justifient cette assertion.

Les voyageurs nous ont rapporté quelques détails sur
les procédés de récolte employés par les indigènes dans
les divers districts de l'État; nous allons les passer en
revue.

Le Bas-Congo a probablement été jadis riche en végétaux
à caoutchouc; actuellement l'on n'en rencontre plus que
çà et là, et encore sont-ils peu ou point exploités.

L'une des contrées où l'on en trouve le plus est le
Mayombe, région forestière d'un accès difficile.

Jadis les Nègres du Mayombe exploitaient le caoutchouc de leurs forêts, mais actuellement ils ont à peu
près abandonné ce commerce. Ce n'est pas pourtant par
suite du manque de végétaux producteurs : dans un rapport
récent, M. Fuchs, inspecteur d'État, disait que partout,
dans le Mayombe, il avait constaté l'existence des lianes
Voochi (*L. owariensis* P. de Beauv.) et Malumbo (*L. owariensis* var. nov. ou sp. nov. affinis), dont le latex peut
être employé utilement. Les régions les plus riches se
trouvent entre la Lukulla et le Loango, et surtout à l'est
des chutes de ces rivières, ainsi que de celles de la
Lubuzi; on en trouve aussi assez abondamment dans les
forêts qui couvrent les monts Ziuli-Kaï.

Sous l'influence d'une maison anglaise établie à l'embouchure du Lualy, laquelle cherche à monopoliser le
commerce de ce produit, les indigènes du nord en
reprennent peu à peu la récolte, mais ils demandent un
prix si exorbitant que les transactions sont fort difficiles.
La gomme élastique du Mayombe vaut, paraît-il, de fr. 4
à 4,25 le kilogr. à Liverpool.

Elle résulte ordinairement du mélange des latex de

Voochi et de Malumbo, ce qui fournit un caoutchouc renfermant beaucoup d'eau et d'une altération facile.

M. Fuchs termine en disant qu'il ne doute pas qu'il ne soit possible de ramener les indigènes à récolter du caoutchouc et à le vendre à des prix raisonnables.

Le délaissement de ce commerce par les indigènes proviendrait surtout de ce qu'ils attribuent à cette substance une valeur telle qu'ils ne se considèrent jamais comme suffisamment rémunérés du travail que sa récolte leur occasionne.

M. Lecomte (1) décrit en ces termes la façon dont le latex est recueilli dans le Mayombe : « Ces lianes, coupées d'abord près de leur sommet, puis au voisinage du sol, sont étalées à terre. Les Noirs pratiquent alors, de place en place, des incisions qui laissent écouler le latex, et on recueille celui-ci dans des cornets de feuilles placés au-dessous des incisions et dont on verse de temps en temps le contenu dans un récipient de plus grande dimension.

» Il s'agit ensuite de transformer le latex en caoutchouc, cette substance élastique que tout le monde connaît. Dans tout le Mayombe, la coagulation s'effectue sous l'action de la chaleur, soit après addition d'eau salée (sud du Congo), soit après addition d'eau pure seulement (région de Mayomba et Fernand-Vaz), soit enfin sans intervention d'aucune substance étrangère (région du Kouilou). Des indigènes moins soigneux se contentent même de laisser écouler sur le sol le latex, qui s'y coagule spontanément au bout d'un certain temps, englobant dans sa masse des substances étrangères, comme des feuilles, de la terre, etc. »

Le district de Matadi présente çà et là des lianes, mais elles ne sont pas exploitées.

Dans les districts des Cataractes et du Stanley-Pool,

(1) Lecomte. *Les Produits végétaux du Congo français*, REVUE GÉNÉRALE DES SCIENCES PURES ET APPLIQUÉES, 15 novembre 1894, n° 21, p. 802.

il y a beaucoup de végétaux fournissant du caoutchouc ; ils sont exploités sur une plus ou moins grande échelle.

Nous possédons des renseignements assez complets, grâce à un rapport du lieutenant Gorin, sur le district du Kwango oriental, où les caoutchoutiers sont exploités depuis très longtemps par les habitants.

Toute la population qui habite entre Luvituku et N'Tumba-Mani, dans le district des Cataractes, est occupée, en dehors du transport des charges, à la récolte du caoutchouc. Les indigènes de cette région préparent ce produit soit par putréfaction des racines ou des tiges, ainsi qu'il a été expliqué précédemment, soit par le battage des racines séchées, afin d'en enlever l'écorce et de recueillir la gomme élastique qui se trouve entre elle et le bois.

Ces modes de préparation ont le désavantage de fournir un caoutchouc très impur, contenant toujours de nombreux fragments végétaux (jusqu'à 5o p. c.) ; aussi a-t-on songé à les extraire sur place, afin d'éviter le transport des corps inutiles. A cet effet une machine spéciale, d'un mécanisme très simple, a été étudiée à l'État indépendant du Congo et a donné entière satisfaction ; elle sera utilisée par les indigènes.

La plante qui produit ce caoutchouc est encore inconnue des botanistes ; les voyageurs disent que c'est une herbe d'un mètre de hauteur, ce qui éloigne l'idée d'une espèce appartenant au genre *Landolphia*. Les souches de ces plantes repoussent parfaitement et permettent des récoltes indéfinies.

Ce végétal, poussant sur les plateaux arides et secs, pourra facilement être introduit dans d'autres régions. L'exploitation de ce caoutchouc est facile et pourrait se faire en grand et par des procédés très simples.

Dans le Kwango, plus que partout ailleurs, le commerce du caoutchouc est très développé, et l'on peut dire que ce produit y est le pivot de toutes les transactions commerciales ; dans tous les échanges, cette matière entre en jeu. Chose curieuse, cette substance, divisée en petits cubes, y sert de monnaie, et, pour acheter aux indigènes, les caravanes sont obligées de se rendre chez un changeur de l'endroit où elles troquent leurs étoffes contre les petits cubes en question.

Les affaires sont entre les mains des Bassombos, qui se rencontrent en grand nombre dans les villages et dont quelques-uns habitent même à demeure dans certaines localités. Ce sont eux qui tiennent les marchés et qui, moyennant de la gomme élastique, fournissent aux indigènes tout ce dont ces derniers ont besoin, étoffes, couteaux, poudre, perles, etc.

Sur le territoire de Kiamvo, depuis Wamba jusqu'aux environs de Tenduri, au nord, et de Damba, au sud, le commerce du caoutchouc est effectué par les Bassombos. Le lieutenant Gorin s'exprime ainsi : « Ils se rendent à domicile pour traiter de l'achat ; ils épargnent ainsi à l'indigène les longues marches vers les marchés. Après avoir recueilli les charges préparées (celles-ci atteignent presque toujours 60 kilogr. par porteur), ils s'enquièrent auprès des populations des besoins futurs et, lors d'un prochain voyage, amènent les objets demandés en échange du stock de caoutchouc préparé en leur absence. »

La plus grande partie de la gomme élastique du Kwango est exportée pas le Congo portugais.

Les Bachilangues exploitent également les caoutchoucs qui croissent en abondance sur leur territoire ; malheureusement le produit est centralisé par les Kiokos, Noirs des possessions portugaises, qui apprirent aux Bachilangues à préparer la précieuse substance. Les Kiokos transportent la récolte à Malange (Congo portugais).

· Le district du Kassaï est excessivement riche en plantes à caoutchoucs, et, depuis longtemps, les indigènes les soignent pour préparer une gomme élastique qu'ils vendent aux Européens. Ces gommes sont obtenues par

5

étirage, et probablement aussi à l'aide d'agents chimiques. M. l'inspecteur d'État Paul Le Marinel a désigné sous le nom de *Sanda* un arbre de cette région qui, paraît-il, fournit du caoutchouc.

Les renseignements que m'a donnés M. le lieutenant Lemaire me permettent de dire quelques mots sur le caoutchouc du district de l'Équateur, où les lianes à caoutchouc sont en abondance. M. Lemaire a vu dans la Boussira un arbre (*Ficus?*) qui, pense-t-il, pourrait être exploité pour son latex caoutchoutifère. Les naturels de ce district préparent cette substance, soit en coagulant le latex à l'aide du suc extrait par compression du fruit charnu d'un *Amomum,* soit en barbouillant leur corps de ce latex; ils forment ensuite des boules, en recueillant les pellicules de caoutchouc obtenues.

C'est dans ce district que l'*Anglo-Belgian India Rubber and Exploration Company* exploite les lianes à caoutchouc.

A l'heure actuelle, le district du Lualaba ne fournit encore du caoutchouc qu'en faible quantité à cause de son éloignement.

Le capitaine Stairs disait, à propos de la Luapula, que «lorsque le caoutchouc deviendrait plus rare à la côte, ce serait un endroit privilégié pour s'en procurer».

En parlant des berges du Lufunzo, le même voyageur écrivait qu'on y rencontre beaucoup de végétaux à caoutchouc, aussi bien en arbres qu'en lianes.

M. Ernest Dewèvre, qui fonda le poste de Yanga, sur le Lomami, dans le district des Stanley-Falls, rapporte que les lianes à caoutchouc y croissent en grande abondance et sont exploitées. Le procédé d'extraction qu'il signale est des plus primitifs : les naturels coupent les lianes, recueillent dans le creux de leur main le suc qui s'en écoule, puis s'en enduisent le corps; à leur retour au village, ils enlèvent la pellicule formée et en forment des boules.

Stanley et plus récemment le baron Dhanis ont

révélé l'existence de nombreuses lianes à caoutchouc dans la grande forêt du Manyema.

Dans le Katanga, les lianes à caoutchouc ne sont nombreuses que du côté de la Lunda ; c'est probablement d'elles que le lieutenant Lemaire parle, lorsqu'il y signale une exploitation déjà ancienne des végétaux à caoutchouc.

D'après les renseignements qu'a bien voulu me donner M. le Dr Briart, adjoint à l'expédition du Katanga, on ne rencontre que peu de végétaux à caoutchouc dans la partie occidentale de cette région ; on en voit parfois sur les termitières et dans les vallées, où, par suite d'une stagnation d'eau, le sol a acquis une assez grande fertilité. La plante observée est une liane, dans laquelle je crois reconnaître, d'après les indications de M. Briart, le *Landolphia Petersiana* (Kl.) Th. Dyer ; il n'y a vu ni *Ficus*, ni plantes herbacées. Les indigènes ne font point le commerce de ce produit ; ils se bornent à en extraire ce qui leur est nécessaire pour confectionner des peaux de tambour.

M. Briart pense que leur procédé d'extraction consiste à couper ou à inciser la liane et à laisser écouler le produit sur le sol.

Le district de l'Oubangi-Ouellé est particulièrement riche en plantes à caoutchouc. M. le lieutenant de la Kéthulle de Ryhove, qui y a longtemps séjourné et qui a eu l'occasion de le parcourir, m'a donné d'intéressants détails à ce sujet.

La gomme élastique que ces régions pourraient fournir en grande quantité n'est pas encore exportée ; les naturels la récoltent et la portent aux stations ; des stocks considérables se trouvent à l'heure actuelle prêts à être expédiés sur les marchés d'Europe dès que cela sera possible.

Avant l'arrivée des Blancs dans ces régions, les indigènes récoltaient peu de caoutchouc ; ils s'en servaient pour la fabrication des tambours.

M. de la Kéthulle a remarqué deux sortes de plantes

fournissant du caoutchouc : des arbres, qui sont probablement des *Ficus*, et des lianes, qui, d'après les détails que m'a donnés cet explorateur, doivent être des *Landolphia*.

L'extraction est effectuée par incisions ; les Noirs tailladent les plantes, recueillent le suc laiteux dans leur main et se le frottent sur la poitrine, ou bien ils le récoltent dans des calebasses et l'y laissent se solidifier sans rien y ajouter ni sans faire intervenir la chaleur.

Les indigènes présentent le caoutchouc sous trois formes : sous forme de cordons enroulés autour d'un bâton, sous forme de cylindres, et enfin sous forme de boules.

Dans le district de l'Aruwimi, le caoutchouc est fourni par diverses lianes du genre *Landolphia*.

L'extrême obligeance de M. le capitaine Chaltin, un des braves qui ont combattu avec succès les Arabes, me permet de donner ici d'importants renseignements sur les caoutchoucs de ce district ; j'emprunte à ses notes, encore inédites, les passages suivants :

« Il n'y a guère que trois ans que les peuplades de l'Aruwimi, comme la plupart des autres, du reste, exploitent régulièrement le caoutchouc pour en faire un article de commerce. Autrefois ils en recueillaient juste la quantité nécessaire pour leur usage.

» Je ne crois pas qu'il y ait à craindre de voir s'épuiser un jour la production du caoutchouc au Congo. Il y en a tellement que, lorsque nous étions obligés de nous frayer un chemin à la hache dans les forêts de l'Aruwimi, le sol était couvert de latex partout où nous passions, les lianes à caoutchouc n'ayant pas pu être épargnées plus que les autres. »

La récolte de la gomme élastique s'y fait en recueillant le latex qui s'écoule à la suite d'incisions et en l'étendant ensuite sur la poitrine, les bras et les jambes. Lorsque le produit a atteint la consistance voulue, l'indigène l'enlève et le roule en boule.

M. le capitaine Chaltin en a également fait préparer à
l'aide de méthodes moins primitives : il faisait recueillir
le suc laiteux dans des vases qu'on portait à l'ébullition ;
on enlevait ensuite les principales impuretés et l'on aban-
donnait à lui-même le liquide ainsi traité ; celui-ci ne
tardait pas à se solidifier.

J'emprunte au manuscrit de M. le capitaine Chaltin
le récit de la méthode qu'il employa pour déterminer les
naturels à entreprendre la récolte du caoutchouc. « Il y
a trois ans, dit-il, lorsque j'engageai les indigènes à se
livrer à la récolte du caoutchouc, ils se mirent au travail
sans goût, avec mollesse, ne voyant pas bien l'intérêt
qu'il y avait pour eux à recueillir cette substance. Je dus
même les talonner quelque peu.

» Pour aller plus vite en besogne, il leur arrivait de
couper la liane au lieu de l'entailler. Le flux du latex étant
plus abondant, le travail à accomplir était moindre ; malheureusement la liane coupée était condamnée à mourir.
Des mesures rigoureuses durent être prises pour empêcher
cette œuvre de destruction.

» Dès que les indigènes surent qu'en fournissant du
caoutchouc aux Blancs, ils recevraient en retour des
étoffes, du laiton, des perles, ils se mirent résolument
au travail, et aujourd'hui, je puis le dire, il en est beaucoup qui, poussés par l'appât du gain, sont âpres à la
besogne.

» Il est d'ailleurs très facile d'amener le Noir à travailler sans qu'on doive pour cela recourir à la violence.
On réussit toujours avec de l'habileté et de la patience.
En voici la preuve : au commencement de 1892, j'avais
installé dans le Bas-Lomami un poste important, et,
pendant une maladie grave du chef, j'étais allé en prendre
moi-même le commandement.

» Les forêts avoisinantes abondaient en lianes à caoutchouc. Je demandai aux indigènes d'aller en recueillir :
ils refusèrent, le travail ne leur souriant guère. Mes

soldats étant momentanément inoccupés, je les envoyai journellement en forêt et, le soir venu, en présence des populations rebelles au travail, je donnai des gratifications à ceux qui avaient recueilli la quantité de caoutchouc exigée. Tous firent preuve de grande activité, et, en fort peu de temps, obtinrent des étoffes, des perles, des laitons, etc.

" Il leur fut strictement défendu de les vendre ou de les offrir aux natifs. Le besoin de posséder et l'envie ne tardèrent pas à aiguillonner ceux-ci. Notez que, de mon côté, je refusai systématiquement d'acheter ce qu'ils m'offraient en vente, leur disant que je n'échangeais mes objets que contre du caoutchouc. En moins de quinze jours, ils étaient rares ceux qui ne se rendaient pas journellement dans la forêt pour récolter cette substance. »

Quant au district du Tanganyika, il contient, lui aussi, des lianes à caoutchouc, ainsi que me l'ont appris MM. le commandant Storms, le capitaine Jacques et le R. P. Coulbois. Ce dernier, ayant habité dix ans cette partie de l'Afrique, a pu me donner de renseignements assez complets. Il a rencontré, à Kibanga, des lianes à caoutchouc dont le tronc avait à la base un diamètre de 7 à 8 centimètres.

Les indigènes ignorent complètement la valeur du caoutchouc ; ils en extraient cependant de petites quantités en pratiquant des incisions, et utilisent leur récolte pour la fabrication de mailloches de tambour et de balles à jouer.

Là, comme partout ailleurs, les naturels mangent la pulpe grisâtre, gélatineuse, à saveur acide, qui entoure les graines dans un péricarpe de la taille d'un abricot.

Le capitaine Jacques a rencontré de grandes quantités de lianes à caoutchouc dans tout l'Ouroua ; il a vu les naturels le récolter en brisant simplement les branches et en recueillant le liquide qui s'en écoulait.

Enfin, le commandant Storms assure y avoir vu des arbres à caoutchouc (*Ficus ?*).

II. DESCRIPTION DES CAOUTCHOUCS DU CONGO.

Grâce à l'extrême obligeance du gouvernement de l'État indépendant, qui a mis à ma disposition des échantillons des caoutchoucs ayant figuré à l'Exposition universelle d'Anvers, il m'est possible de donner une description des gommes élastiques recueillies dans les divers districts.

District du Kwango oriental. — Ce caoutchouc très spécial est obtenu par rouissage des tiges et des racines d'un végétal encore inconnu.

Il se présente en *thimbles,* c'est-à-dire en petits morceaux de forme et de volume variés, dont les faces sont des surfaces de section, semble-t-il. La face externe présente souvent des poils provenant vraisemblablement de la toile qui a servi à les emballer. Extérieurement, cette sorte n'est pas poisseuse et ne se ramollit pas, sous l'influence de la chaleur, au point d'adhérer aux doigts.

La pâte de ce caoutchouc est tout ce qu'il y a d'hétérogène; c'est une masse d'un brun légèrement rougeâtre, mêlée à une grande quantité de fragments végétaux rouges qui donnent au produit une coloration rouge-brune. Par suite des matières étrangères interposées, cette sorte se laisse facilement déchiqueter.

Cette gomme est très élastique.

Telle qu'elle est obtenue par les indigènes, c'est-à-dire renfermant environ 50 p. c. d'impuretés, elle se vend fr. 3,80; épurée, elle est estimée à 8 fr. le kilog.; c'est donc l'un des meilleurs caoutchoucs fournis par l'État indépendant du Congo.

District du Kassaï. — Ce district était représenté à l'Exposition par cinq variétés :

1° La plus curieuse se présente sous forme de boules ellipsoïdes, de la grosseur d'une prune de forte taille, soudées bout à bout, de façon à former des bâtons moniliformes plus ou moins longs ; ces boules proviennent de filaments épaissis en larmes à une de leurs extrémités, juxtaposés les uns au-dessus des autres, de manière à donner aux boules un aspect tressé, ce qui leur a valu la dénomination de *caoutchouc rouge en tresses*. Les larmes et les filaments externes sont d'un jaune-brun, parfois rosé, d'autres fois blancs, transparents, très purs, très élastiques et très fibreux, ne se ramollissant pas et n'adhérant pas aux doigts sous l'influence de la chaleur de la main. L'intérieur de ces boules est formé de filaments pelotonnés d'un blanc grisâtre, entremêlés de fragments de matières ligneuses rougeâtres.

L'analyse y a indiqué 6 p. c. de substances étrangères.

C'est un caoutchouc de bonne qualité, évalué à fr. 7,20 le kilogr.

Cette sorte me paraît préparée par le procédé d'étirage dont il a été question précédemment, et provient vraisemblablement d'une plante dont le latex se coagule immédiatement sur les cicatrices.

2° Une autre variété se présente en grands gâteaux de forme irrégulière, à surface externe raboteuse, noire, devenant poisseuse sous l'influence de la chaleur de la main. La masse interne est homogène, non caverneuse, très blanche, transparente en lames minces, humide ; sous l'influence de la pression il en sort du liquide.

Cette variété est très bonne, très nerveuse ; sa valeur commerciale est de fr. 4,60 le kilogr.

L'analyse y a constaté des quantités très variables de matières étrangères, suivant les gâteaux, en moyenne 20 p. c. environ, dont 18 p. c. sont constitués par des matières volatiles.

3° Une troisième sorte de caoutchouc du Kassaï se présente en morceaux irréguliers, soudés de manière à constituer des amas plus ou moins volumineux ; leur surface est noire, parfois poisseuse, se ramollissant par la chaleur de la main et devenant alors adhérente ;

l'intérieur de ces morceaux est noir, luisant, homogène, très élastique, et sentant parfois nettement le moisi.

Cette variété est de bonne qualité ; l'analyse n'y a décelé que 5 p. c. de matières étrangères ; sa valeur est de fr. 7,20 le kilogr.

4° Très particulière est cette sorte, qui affecte la forme de tresses de trois centimètres de diamètre, à surface noire, non poisseuse, se ramollissant sous l'influence de la chaleur des doigts, mais n'y adhérant pas comme la précédente ; ces tresses sont formées de lanières quadrangulaires, réunies longitudinalement par 7 ou 8, et formant une masse allongée plus ou moins tordue. La partie interne de ces lanières est noire, luisante, homogène.

Ce caoutchouc est très élastique, très pur, très coriace, de très bonne qualité ; on n'y a trouvé que 5 p. c. de substances étrangères ; on l'évalue à fr. 7,20 le kilogr. Il renferme parfois un peu de sable.

5° La dernière variété se présente en fragments très irréguliers, inégaux, aplatis, présentant, du côté externe, l'empreinte et souvent les restes de la toile qui a servi à les emballer ; ce sont, je pense, des boules déformées par la pression. Leur surface externe, de même que leur masse interne, est noire, homogène, ne montrant ni impuretés, ni cavités ; ce caoutchouc est excessivement élastique ; il se ramollit par la chaleur de la main, mais pas au point d'adhérer aux doigts.

L'analyse y a indiqué 10 p. c. de matières étrangères, dont 4 p. c. environ de matières minérales ; sa valeur commerciale est de fr. 6,75 le kilogr.

Observation. — Les caoutchoucs du Kassaï proviennent indubitablement d'au moins deux espèces différentes, et ils sont préparés par des procédés très variables. Il serait très important qu'on fût fixé d'une façon certaine au sujet des végétaux caoutchoutifères de ce district.

District des Stanley-Falls (vallée du Lomami). — L'échantillon de cette provenance est une grosse boule, du volume de la tête d'un petit enfant, pesant 480 gr., de forme ellipsoïde aplatie, à surface raboteuse, d'un brun rosé, non poisseuse, teintée çà et là de rose, caverneuse, assez humide, car, si l'on presse plus ou moins fortement, on en fait sortir un liquide à réaction et à odeur acides.

Cette sorte est très pure, très nerveuse et constitue certainement un excellent produit qui, préparé par de bons procédés, donnerait une marchandise de toute première qualité.

District de l'Aruwimi (vallée de la Lulu). — Ce caoutchouc se présente sous forme de longs cylindres de 5 ou 6 centimètres de diamètre, à surface externe brune, teinte qui se propage plus ou moins profondément dans l'intérieur de la masse, qui est relativement lisse, non poisseuse ; intérieurement la masse est d'un blanc légèrement crémeux, compacte, homogène, non caverneuse, ou seulement d'une façon tout à fait insignifiante, et peu odorante. C'est le plus nerveux, le plus compact et le plus pur des caoutchoucs congolais qu'il m'a été donné d'examiner ; il paraît valoir le Para, à mon avis.

District de l'Ubangi-Ouellé (Yambinga). — Ce sont des boules irrégulières assez grosses, à surface noire, bossuée, très rugueuse, un peu poisseuse ; fendues, elles montrent une surface de section noire, luisante, qui, sous l'influence de la chaleur de la main, se ramollit au point d'adhérer aux doigts ; sa masse ne présente guère de cavités, on y trouve de nombreuses impuretés (fragments de bois).

Cette sorte est très élastique ; elle renferme 15 p. c. de matières étrangères et vaut fr. 5,50 le kilogr.

• *Haut-Congo.* — Les échantillons suivants portaient simplement la dénomination *Haut-Congo ;* il ne s'y trouvait point d'indication de localité.

1° Grands fuseaux ou boules de grandeur moyenne, parfois poisseuses extérieurement, présentant des couches concentriques, ce qui me semble dû à ce qu'elles sont

probablement formées de larmes ; leur surface est raboteuse, noire ; la masse interne est blanche, marbrée de
rose, d'une consistance ferme, coriace, pas trop élastique,
très peu caverneuse, se ramollissant par la chaleur des
doigts, mais n'y adhérant pas ou très peu.

L'analyse chimique y indique une moyenne de 12 p. c.
de matières étrangères. Sa valeur est de fr. 5,75 le kil.

2° Boules de grosseur moyenne, soit 4 à 5 centimètres
de diamètre, inégales, noires, raboteuses, parfois un peu
poisseuses ; leur portion interne est blanche avec plages
rosées ou violettes ; on aperçoit çà et là des fragments
d'écorce, relativement peu nombreux. Cette sorte se
ramollit par la chaleur de la main, mais n'adhère pas aux
doigts. Ce caoutchouc est coriace, élastique et serait
excellent s'il renfermait moins d'eau ; l'analyse y indique
en effet 31 p. c. d'eau et de matières volatiles ; néanmoins
il vaut fr. 4,95 le kilogr.

3° Sorte très analogue aux caoutchoucs précédents, en
boules de grosseur moyenne, ayant le même aspect, mais
plus coriaces et moins poisseuses, à masse interne blanche
sans impuretés (fragments ligneux), montrant seulement
quelques petites cavités. Ce caoutchouc n'adhère pas aux
doigts, il est très élastique, mais contient beaucoup d'eau ;
l'analyse y a signalé 31 p. c. d'eau et de matières volatiles.
Valeur au kilogr. fr. 4,95.

Une autre série d'échantillons portait simplement la
mention *Congo,* voici leur description :

1° *Thimbles* complètement identiques au caoutchouc
décrit comme originaire du Kwango oriental, mais mêlés
à une très forte dose d'impuretés : 35 p. c. Estimé fr. 4
le kilogr.

2° Sorte très caractéristique, se présentant sous forme
de plaques plus ou moins épaisses, espèces de galettes
résultant de l'agglomération de nombreuses petites boules,
d'un centimètre de diamètre à peu près (grosseur d'une
petite cerise), soudées les unes aux autres. Ces boules sont

noires et raboteuses extérieurement, poissant parfois plus ou moins ; intérieurement, elles sont noires et montrent une masse mêlée intimement à de nombreux grains de sable. La chaleur des doigts ramollit ce caoutchouc et le fait adhérer légèrement. Il est assez élastique. Sa valeur commerciale est de fr. 3,5o le kilogr.

Cette sorte est vraisemblablement la plus mal préparée ; elle est obtenue, soit en laissant écouler le latex sur le sol, soit en le coagulant sur le corps et en l'enlevant ensuite à l'aide des mains enduites de sable.

3° Le troisième échantillon ressemble à première vue au précédent, mais il est constitué par des boules plus grosses, le volume d'une noix environ, soit 3 cm ; il est d'un gris rougeâtre, à surface raboteuse assez poisseuse extérieurement. De nombreux petits fragments végétaux rouges entrent dans la composition de cette masse ; aussi, lorsqu'on coupe une semblable boule en deux, on obtient une surface de section montrant un réseau formé de filaments de caoutchouc grisâtres, dont les mailles renferment des débris végétaux ; l'analyse y ayant indiqué 35 p. c. de corps étrangers, sa valeur commerciale n'est que fr. 4,10 le kilogr. Il me paraît très voisin, si pas identique, au caoutchouc du Kwango.

4° Cet échantillon se présente sous la forme de masse piriforme de 7,5 cm de longueur sur 5,5 cm de largeur, trouée à son sommet pour pouvoir y passer une corde ; surface externe noire, relativement lisse, non poisseuse. L'intérieur est d'un blanc grisâtre, plus ou moins violacé en certains endroits, creusé de petites cavités. Il ne s'y trouve ni fragments d'écorce, ni matières minérales. La partie interne exhale une odeur absolument détestable.

Ce caoutchouc est très élastique, pas trop coriace, ne se ramollissant pas par la chaleur des doigts au point d'y adhérer. Cette sorte est humide, ce qui la déprécie et lui fait seulement accorder une valeur de fr. 4,75 le kilogr.

5° Un dernier échantillon portait : *Congo (Benguela).*

Il était formé de longs fuseaux d'une épaisseur variant entre 1 1/2 et 3 ^{cm}, à surface externe raboteuse, noire, parfois poisseuse ; l'intérieur des fuseaux est occupé par une substance d'un blanc rosé, légèrement humide, ne présentant que peu d'espaces remplis de substances étrangères (écorces etc.) ; sous l'influence de la chaleur de la main, ce caoutchouc se ramollit et adhère aux doigts. Il est assez coriace, mais pas extrêmement élastique.

L'analyse chimique y a reconnu 17 p. c. d'impuretés ; c'est une assez bonne marchandise, évaluée à fr. 5,5o le kilogr.

III. EXPORTATION ET COMMERCE.

Les exportations de caoutchouc du Congo ont probablement débuté vers 1851, comme celles du Gabon.

En 1855, la maison Régis et Cie (Daumas, Beraud et Cie, successeurs), de Paris, fonda la première factorerie sur les bords du Congo, laquelle fut construite sur la pointe de Banana qui porte, depuis lors, le nom de Pointe française ; c'est à dater de cette époque que commença une exportation quelque peu sérieuse des produits congolais.

Quatorze années après arrivèrent les Hollandais, puis les Anglais et les Portugais.

En 1883, le chiffre exact des exportations du Congo à Rotterdam fut, pour le caoutchouc, de 249 tonnes.

En 1884, M. Wauters écrivait que le caoutchouc ainsi que d'autres articles n'étaient fournis que par le Bas-Congo, dont les productions étaient centralisées par une maison hollandaise qui les expédiait en Europe.

En 1885, M. le capitaine Van Gèle signalait l'existence, en grande quantité, de plantes à caoutchouc non exploitées dans le Haut-Congo ; il n'y avait vu en fait d'objets fabriqués avec du caoutchouc qu'une peau de tambour (dans l'Itimbiri). Depuis, l'exploitation des caoutchoucs du Haut-Congo a été entreprise et n'a fait que croître, au point qu'actuellement c'est de là que provient presque toute la gomme élastique exportée.

Si nous groupons en tableau les chiffres indiqués par le Bulletin de l'État indépendant comme représentant les exportations de caoutchouc du Congo, nous constatons :

1° Que le premier envoi mentionné (1886, 3ᵉ trimestre) est de 11 472 kilogrammes, représentant une valeur de fr. 50 476,80.

2° Que depuis cette époque jusqu'au moment où j'écris ces lignes, l'exportation a pris des proportions de plus en plus considérables.

STATISTIQUE DU CAOUTCHOUC
EXPORTÉ PAR L'ÉTAT INDÉPENDANT DU CONGO DEPUIS 1886.

ANNÉES	COMMERCE SPÉCIAL		COMMERCE GÉNÉRAL	
	Quantités en kilogr.	Valeur en francs.	Quantités en kilogr.	Valeur en francs.
1886	18 069	79 505 60	214 079	941 947 60
1887	30 050	116 768 80	441 279	1 743 086 70
1888	74 294	206 029 00	593 755	2 078 152 00
1889	131 113	458 895 50	610 444	2 136 554 00
1890	123 666	536 497 00	684 524	3 080 558 00
1891	81 680	326 720 00	579 961	2 319 844 00
1892	156 339	625 356 00	460 399	1 841 596 00
1893	241 153	964 612 00	462 329	1 849 316 00
1894 (1ᵉʳ sem.)	97 858	391 432 00	248 220	992 880 00

Nous ne trouvons mentionné le caoutchouc du Haut-Congo qu'à partir de 1888, année pendant laquelle on en exporta 60 kilogr. ; les quantités exportées ne firent qu'augmenter dans la suite, comme le montrent les chiffres suivants :

Haut-Congo
1889	. . .	14 277 kilogr.
1890	. . .	28 671 »
1891	. . .	12 834 »
1892	. . .	70 103 »
1893	. . .	176 473 »
1894	. . .	274 580 »

(E. Grisar).

Le chiffre de 1893 est particulièrement éloquent, et

devient même très intéressant si on le compare à celui de l'exportation du Bas-Congo, qui fut la même année de 64 680 kilogr. ; il nous permet de constater que l'exploitation des caoutchoucs du Haut-Congo prend une forte avance sur celle du Bas-Congo.

Marchés. — La grande quantité de caoutchouc exportée du Congo, en majeure partie de l'État indépendant du Congo et par des sociétés belges, a déterminé, à Anvers, la création d'un marché ; je ne puis mieux faire, à ce propos, que de citer le passage que M. Émile Grisar, courtier à Anvers, lui consacre dans sa Revue annuelle : « Les importations du Congo sur le marché d'Anvers progressent d'une manière régulière, comme le démontrent les statistiques ci-après. Les quantités récoltées dans le Haut-Congo pendant les huit premiers mois de 1894 étant évaluées à environ 300 tonnes, on peut considérer que la récolte totale pour cette année sera d'environ 450 tonnes destinées à notre marché. Il est donc permis d'augurer favorablement du développement de l'article. Tout fait prévoir qu'Anvers est appelé à devenir le principal entrepôt de cet article sur le continent.

» La qualité du caoutchouc du Congo s'améliore constamment, vu les soins apportés à sa récolte. Quant aux prix pratiqués sur notre marché, ils représentent largement la parité de ceux des marchés voisins ; il n'y a guère eu de fluctuations pendant l'année écoulée et les prix clôturent très fermes. »

Années	IMPORTATION	PRIX DU KILOGRAMME		
		KASSAÏ rouge et noire	HAUT-CONGO	QUALITÉ moyenne et secondaire
1889	4 700	6 25	»	»
1890	30 000	7 35 à 7 75	»	»
1891	21 000	6 25 à 6 50	»	»
1892	62 965	6 25 à 6 75	4 50 à 5 15	3 20 à 4 20
1893	167 196	6 85 à 7 20	5 20 à 6 00	3 25 à 4 55
1894	274 580	6 80 à 7 20	4 80 à 6 10	3 40 à 4 10

IV. PRODUCTION.

Nous allons examiner quel chiffre pourra atteindre la production du caoutchouc au Congo.

Dans son ouvrage *Congo et Belgique*, le lieutenant Lemaire dit à ce sujet : « Les applications industrielles du caoutchouc sont telles, et s'étendent encore journellement de telle façon, que l'on n'a nullement à craindre d'en inonder les marchés au point d'en faire baisser la valeur ; et le Congo pourrait en envoyer annuellement 10 000 tonnes en Europe, qu'on ne lui demanderait qu'une chose : en envoyer le double. Pourra-t-il le faire ? c'est-à-dire les essences à caoutchouc ont-elles un assez grand développement pour assurer pareille production ? Je crois pouvoir répondre affirmativement en me basant sur le fait suivant : la factorerie de Bongandanga (Lopori) établie, à la fin de 1893, en une région où l'indigène ne connaissait pour ainsi dire pas le parti qu'il pouvait tirer du caoutchouc, rapporte actuellement 2 tonnes (2000 kilogr.) de caoutchouc par mois. On estime que le rayon d'action de cette factorerie s'étend à 25 kilomètres en amont, 25 en aval le long des rives. Ces chiffres montrent qu'en un an 24 tonnes (24 000 kilogrammes) de caoutchouc sont actuellement recueillies sur 50 kilomètres de rives abordables aux vapeurs du Haut-Congo. Or, le réseau navigable aux steamers, actuellement reconnu en amont de Léopoldville, est de 30 000 kilomètres, ce qui représenterait, d'après les résultats de Bongandanga, un total de

$$\frac{30\ 000}{50} \times 24 = 14\ 400 \text{ tonnes (14 400 000 kilogr.),}$$

ce qui, au prix moyen de 5 francs le kilogr., représenterait en Europe une somme de 72 millions de francs, tout en assurant aux finances du jeune État, à raison de 40 centimes de droits de sortie au kilogr., la jolie somme de 5 760 000 francs. »

Nous ferons remarquer que le chiffre de 14 000 tonnes est certainement très inférieur à la production possible, car :

1° Le lieutenant Lemaire ne tient compte que des régions abordables aux steamers, c'est-à-dire d'une petite partie du vaste territoire congolais ; sont exclus de son calcul : la région des lacs, la presque totalité du district des Stanley-Falls, la plus grande partie du Lomami et du district de l'Oubangi-Ouellé, contrées qui sont toutes d'une extrême richesse en caoutchoutiers.

2° Les indigènes font encore usage de procédés très primitifs, qui ne leur permettent pas d'extraire tout le caoutchouc que la plante pourrait donner et leur fournissent souvent un produit très impur, qui aurait une valeur beaucoup plus grande s'il était mieux préparé.

J'estime donc que, lorsque l'exploitation du caoutchouc se fera sur toute l'étendue du territoire de l'État indépendant du Congo, au moyen de procédés rationnels et par des indigènes plus ou moins stylés, la production de cette matière surpassera de beaucoup la quantité fixée par le lieutenant Lemaire, et que, de plus, la qualité étant meilleure, la valeur de ce caoutchouc augmentera considérablement.

V. CULTURE ET REPRODUCTION.

Les *Landolphia* sont si nombreux au Congo qu'à première vue il semble inutile de songer à en préconiser la culture ; cependant ces lianes sont éparses dans les forêts, et s'y trouvent mélangées à des végétaux qui y ressemblent mais dont les produits ne valent rien, ce qui amène la production de mélanges de peu de valeur ; les cultiver sur de grands espaces à la façon des houblons, par exemple, serait très commode, très pratique et éviterait une grande perte de temps. Cela est-il possible ? Il est fort difficile de le dire d'ici, car

1° La multiplication de ces végétaux est peu connue ; toutefois, du fait que les graines des autres Apocynées germent bien, on peut déduire que celles des *Landolphia* sont dans le même cas. La multiplication par boutures se fait couramment en Europe, elle se ferait parfaitement au Congo.

2° Les bonnes espèces sont encore peu connues.

La création de semblables champs de *Landolphia* me paraît possible, et elle donnerait de bons résultats, si l'on fixe à l'avance, par des études soignées, dans quelles conditions elle devrait se faire.

Pour cela, il conviendrait de rechercher le sol que ces plantes affectionnent ; les soins que nécessite leur croissance ; s'il est nécessaire d'intercaler des arbres dans la plantation pour donner de la fraîcheur, maintenir une certaine humidité du sol et protéger les jeunes plantes ; d'examiner s'il ne suffirait point de placer des perches pour que les lianes puissent y grimper à l'aise ; enfin, de déterminer la largeur des espaces entre les plants.

Ajoutons ici quelques mots sur la possibilité de cultiver au Congo d'autres végétaux fournissant du caoutchouc. Les principales plantes productrices étant le *Manihot Glaziovii* Muell., le *Ficus elastica* Roxb., et l'*Hevea brasiliensis* Muell., nous ne nous occuperons que de celles-ci.

La culture du *Manihot Glaziovii* Muell., l'Euphorbiacée qui fournit le caoutchouc de Ceara, y réussira ; ce fait peut être affirmé avec certitude, en se basant sur les résultats obtenus dans les régions voisines du territoire de l'État indépendant du Congo, notamment au Congo français et au Cameroun.

Voici ce qu'en a dit M. Pierre dans une communication adressée à la Société commerciale de Paris : « Je vous annonce l'envoi, par ce courrier, d'un paquet contenant quelques boules de caoutchouc extrait des premiers arbres que j'ai introduits au jardin d'essai de Libreville, créé par moi de 1887 à 1889. L'arbre ayant produit ces boules est le *Manihot Glaziovii* Muell. Cette plante vient très bien dans les pays équatoriaux, où elle trouve la chaleur et l'humidité qu'elle réclame. Un seul arbre, que j'ai importé en octobre 1887, au jardin d'essai de Libreville, a d'abord donné 115 arbres dont la majeure partie ont, en ce moment, des troncs de 50 centimètres de circonférence et une hauteur de 7 à 8 mètres (en 5 ans). Cette plante, que M. de Brazza répand le plus qu'il peut chez les indigènes, est d'un très grand avenir dans le pays. L'arbre importé en 1887 est le père de 14 000 ou 15 000 jeunes pieds que j'ai faits cette année. Plusieurs milliers de ces arbres ont déjà été distribués aux Pahouins les plus éloignés de la rivière Congo ; environ 2000 caféiers ont été donnés avec ces caoutchoutiers.

» Deux cent mille de ces plants pourront être fournis par le jardin d'essai, d'ici deux ans. La multiplication de cette plante par graines est très lente ; il faut jusqu'à dix-huit mois pour obtenir des germinations ; j'ai réussi cependant à en avoir en huit jours, mais en très petite quantité. Le mode de multiplication le plus pratique est le bouturage ligneux, fait d'une certaine façon.

» Les boules que j'ai l'honneur de vous adresser ont été extraites de la manière suivante : un enfant pique l'écorce de l'arbre avec un couteau ; immédiatement le latex (vulgairement appelé lait) se met à couler. Tout de suite, avec les doigts, on étale ce lait sur l'écorce ; il s'y coagule rapidement et on n'a plus qu'à rouler une petite boule sur les endroits où on l'avait étalé. »

M. Chapel, ayant examiné le caoutchouc congolais produit par cette plante, trouva qu'il ne ressemblait en rien aux *Ceara scraps* du Brésil, fournis par le *Manihot Glaziovii*. Il croit pouvoir attribuer cette différence à ce que le végétal cultivé au Congo français ne serait pas le

Manihot Glaziovii Muell., mais une autre espèce du genre *Manihot*.

Au jardin botanique de Buitenzorg (Java), la plante croît à merveille et se reproduit par graines. D'après les essais du Dr Burck, un végétal de 20 ans lui donna 90 grammes de caoutchouc; trois ans après, un autre exemplaire lui en fournit 225 grammes. Pour favoriser la germination des graines, cet auteur conseille de briser plus ou moins l'enveloppe dure qui les entoure. Le bouturage peut, dit-il, se faire, même avec de grosses branches. Les jeunes plantes doivent être protégées contre l'ardeur du soleil.

La culture de l'*Hevea brasiliensis* Muell., autre Euphorbiacée, qui fournit le célèbre caoutchouc du Para, passe pour être très difficile; tentée au Cameroun, elle y a pourtant parfaitement réussi. En quelques années, certains pieds y ont acquis une hauteur de 4 à 5 mètres.

Ce végétal se multiplie très facilement par boutures; il y aurait donc lieu de tenter sa culture au Congo, laquelle me paraît devoir réussir, étant donnés les résultats obtenus au Cameroun. A Java, la reproduction de cette plante par graines a marché en perfection; il y existe à l'heure actuelle des individus de plus de 20 mètres.

Lorsqu'on voudra tenter une semblable plantation, on fera bien de se souvenir que la plante ne commence à fournir du caoutchouc d'une façon un peu sérieuse qu'à l'âge de 20 à 25 ans.

On sème les graines en terre, en ayant soin de les recouvrir d'une légère couche de celle-ci; après deux semaines elles germent; on place alors les jeunes plantules, peu à peu, en pleine lumière, sans quoi elles deviennent trop grêles, puis on les plante dans des trous convenablement préparés.

Au Brésil, on saigne les *Hevea* le matin; ils coulent alors plus abondamment que pendant le restant de la journée; les incisions se font tous les deux ou trois jours et non quotidiennement, sans quoi ils ne produisent plus que d'une façon insignifiante. Un homme aidé par une femme exploite journellement de 80 à 100 caoutchoutiers, lorsque ces arbres ne sont pas trop dispersés dans la forêt.

Le caoutchoutier d'Asie, le *Ficus elastica* Roxb., étant une plante qui s'accommode assez facilement aux divers climats, même au nôtre, s'acclimaterait indubitablement au Congo, si on le plaçait dans des conditions convenables.

En 1851, Balard signalait déjà les essais de culture du *Ficus elastica* Robx. tentés à Hamma (Algérie) avec un succès tel qu'il avait été possible de récolter un caoutchouc de qualité moyenne.

Les Anglais l'ont introduit dans leurs colonies d'Afrique; mais comme le caoutchouc que cette plante fournit est inférieur au Para et aux caoutchoucs de *Landolphia*, je ne vois pas l'utilité qu'il y aurait à l'introduire au Congo.

Au reste, il existe en Afrique un *Ficus* produisant une gomme élastique considérée comme étant de très bonne qualité, le *Ficus Vogelii* Miq., dont il serait à mon sens beaucoup plus logique de tenter la culture.

La récolte de son latex est facile (un homme pourrait en recueillir 10 à 12 bouteilles par jour); il se multiplie très bien par boutures et croît avec facilité et rapidité.

TABLE DES MATIÈRES

PREMIÈRE PARTIE

Le caoutchouc en général.

DEUXIÈME PARTIE

Les caoutchoucs africains.

CHAPITRE PREMIER
ÉTUDE DU LATEX.

CHAPITRE SECOND
ÉTUDE DES CAOUTCHOUCS AFRICAINS.

TROISIÈME PARTIE

Les caoutchoucs de l'État indépendant du Congo.

—

———

Voir, pour les plantes productrices du caoutchouc au Congo, la brochure : *Les Caoutchoucs africains, étude monographique des lianes du genre* **Landolphia**, par Alfred Dewèvre, docteur en sciences naturelles (extrait des ANNALES DE LA SOCIÉTÉ SCIENTIFIQUE DE BRUXELLES, tome XIX, seconde partie) — Bruxelles, F. Hayez, 1895.

Extrait de la REVUE DES QUESTIONS SCIENTIFIQUES DE BRUXELLES, avril, juillet et octobre 1895.

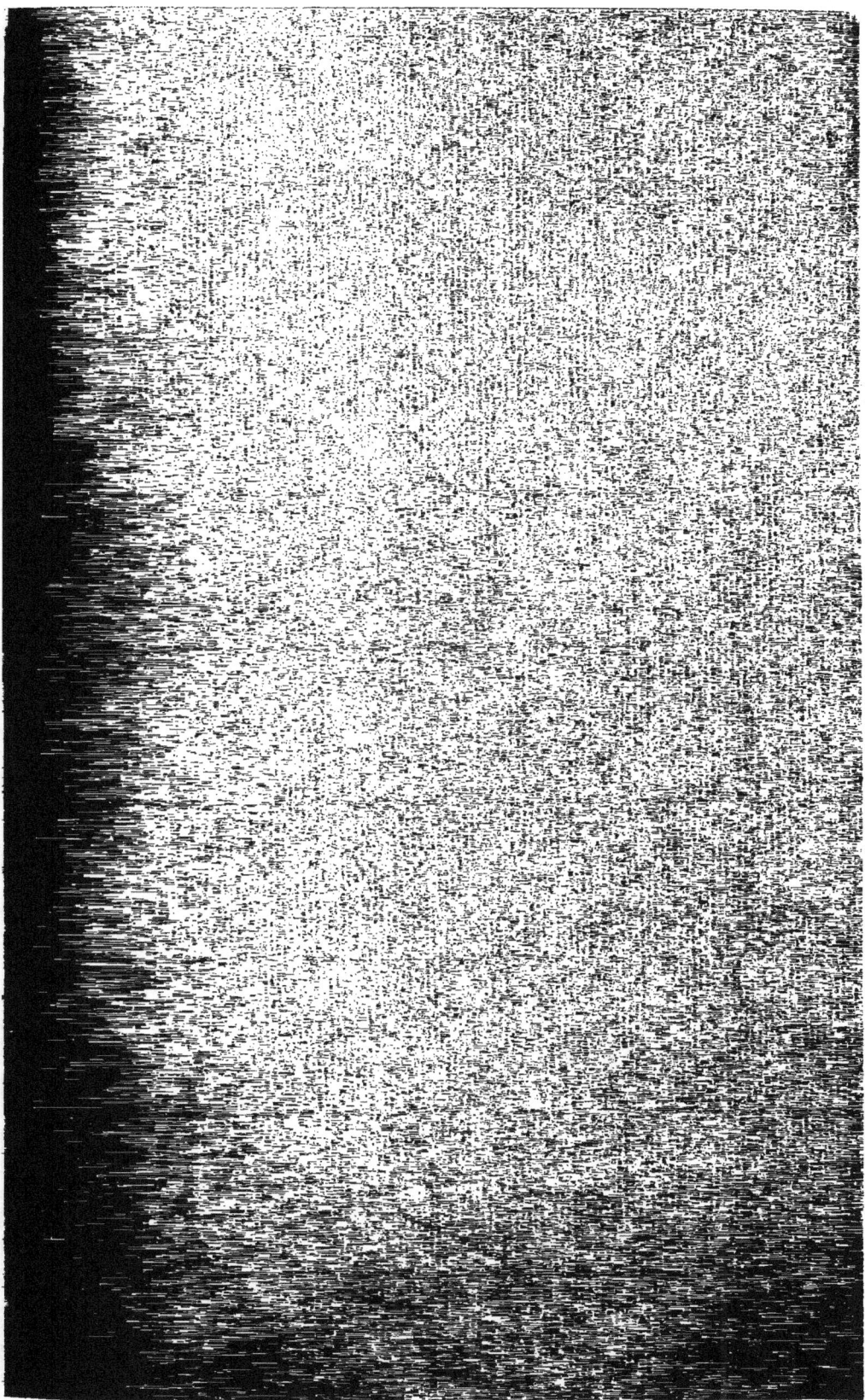

www.ingramcontent.com/pod-product-compliance
Lightning Source LLC
Chambersburg PA
CBHW071103210326
41519CB00020B/6141